はじめに

虚数とは，2乗するとマイナスになる数です。
高校の数学で虚数を教わったものの，
何に必要なのかわからない，
という人も多いのではないでしょうか。

しかし，虚数は今や数学や科学にとって
なくてはならない存在です。
数学の世界を飛躍的に発展させただけでなく，
電気回路や航空機の設計など，
私たちの生活におどろくほど役立っているのです。

この本では，虚数発見の歴史やエピソードをはじめ，
数の世界の終着駅「複素数」の詳細や，
身のまわりや物理学で活躍する虚数，
世界一美しい数式と虚数の不思議など，
虚数の基本と応用をやさしく解説します。

プロローグ　虚数っていったい何？ …… 8

1 虚数が生まれる前の「数の歴史」

そもそも「数」って存在するのだろうか …… 12

「ゼロ」は最初，数ではなかった …… 14

なかなかイメージできない「負の数」 …… 16

矢印を使うと負の数が見てわかる …… 18

「答えのない問題」が分数を生みだした …… 20

整数と整数の間にある数をあらわせる「分数」と「小数」 …… 22

「2乗して2になる数」は，分数ではあらわせない …… 24

4000年前の粘土板にきざまれた$\sqrt{2}$ …… 26

すべての“普通の数”が出そろった！ …… 28

コーヒーブレーク　ピタゴラスにとっての有理数 …… 30

コーヒーブレーク　$\sqrt{2}$を分数であらわす方法─連分数 …… 32

2 虚数はこうして誕生した

「2乗してマイナスになる数」とは，どんなものか …… 36

万能人カルダノが虚数をはじめて本にしるした …… 38

カルダノの問題を木片で考える …… 40

カルダノの問題の答えを出すには？ …… 42

「虚数」を認めなかった数学者たち …… 44

「i」であらわされる不思議な数 …… 46

コーヒーブレーク　虚数を生んだカルダノって，どんな人？ …… 48

虚数を生んだ，中世の「数学勝負」 …… 50

タルタリアとの約束を破った？ …… 52

「2次方程式」には実数で答えが出せないものがある …… 54

「解の公式」でカルダノの問題を解く …… 56

虚数単位 i を使ってできる計算 …… 58

虚数まで考えれば方程式は必ず解をもつ …… 60

3　新たに生まれた数「複素数」

目に見えない虚数を図にえがくには …… 64

ガウスらが発見した「複素平面」とは …… 66

複素数は数の拡張の終着駅 …… 68

複素数の足し算と引き算 …… 70

マイナス×マイナスがプラスになる理由 …… 72

i を4回かけると，1周して1にもどる …… 74

コーヒーブレーク　青年ガウスをとりこにした魔法の数式 …… 76

複素数のかけ算は「回転・拡大」 …… 78

虚数の大きさは比較できるのか …… 80

宝は島のどこに埋まっている? …… 82

解答編:宝は島のどこに埋まっている? …… 84

「極座標表示」で位置をあらわそう …… 86

「極形式」はこんなに便利 …… 88

コーヒーブレーク 「マイナス×マイナス=マイナス」の世界 …… 90

4 虚数がなくては物理学もなりたたない

体脂肪の計測でも虚数が使われている …… 94

虚数の理論で設計された不思議な飛行機 …… 96

時空の距離をはかるには? …… 98

虚数を使えば時空の「三平方の定理」が使える …… 100

ガラスごしの光には虚数が関係している …… 102

太陽系外から来た天体の公転周期 …… 104

虚数の質量をもつ超光速粒子タキオン …… 106

虚数が支える最先端テクノロジー …… 108

「虚数時間」ではじまる宇宙 …… 110

5 オイラーの等式と虚数の不思議

世界一美しい式とうたわれる「オイラーの等式」 …… 114

オイラーがみちびきだした「オイラーの公式」 …… 116

14歳からのニュートン
超絵解本

ネイピア数eは預金の利子の計算から生まれた …… 118

円や回転と切りはなせない重要な数「円周率π」 …… 120

「三角関数」こそオイラーの等式の土台 …… 122

無限の足し算を使えば「虚数乗」もあらわせる …… 124

三角関数と指数関数は虚数の世界でつながっていた! …… 126

コーヒーブレーク 近代数学の基礎を築いた天才数学者オイラー …… 128

虚数の虚数乗はなんと実数になる! …… 130

複素平面上にあらわれた「フラクタル構造」 …… 132

複素数で考える「素数」 …… 134

第2の虚数は存在するのか …… 136

CGにも使われる「四元数」 …… 138

プロローグ

虚数って いったい何？

虚数は数の世界の “ラスボス”だ

何か一つ数を思い浮かべてくださいといわれたら，多くの人が，7，13，169などの「自然数（正の整数）」を思い浮かべるのではないでしょうか？　自然数は，人類がはじめて使った数で，最も素朴に理解しやすい数でもあります。

人々は分数，ゼロ，無理数，負の数など，新しい数と出会うたびに，頭を悩ませ，格闘し，やがて受け入れていきました。1章では，まずそうした「実数」とよばれる数の発見の歴史をたどります。

実数は数直線上にすき間なく存在するため，実数こそが数の世界のすべてだと思われてきました。ところが，あるとき人類は数直線上には存在しない数をみつけてしまいました。その最後に立ちはだかる“ラスボス”ともよぶべき存在こそが「虚数」です。2章以降では，人類が虚数を見いだすまでの過程や，虚数がいかに現在の私たちに欠かせない数であるかをみていきます。

$i^2 = -1$

虚数

数拡張の旅の最後に立ちはだかる「虚数」

虚数は，2乗するとマイナスになる数です。人類は，困難に対面するたびに新たな数を生みだしてきました。虚数はその最後の数なのです。

1

虚数が生まれる前の『数の歴史』

私たちの身のまわりは，「数」にあふれています。数には，自然数，負の数，分数，小数など，さまざまな種類があります。そうした数は，人類が長い年月をかけて生みだしてきたものです。虚数が生まれた理由を知るために，まずは，数のなりたちについてみていきましょう。

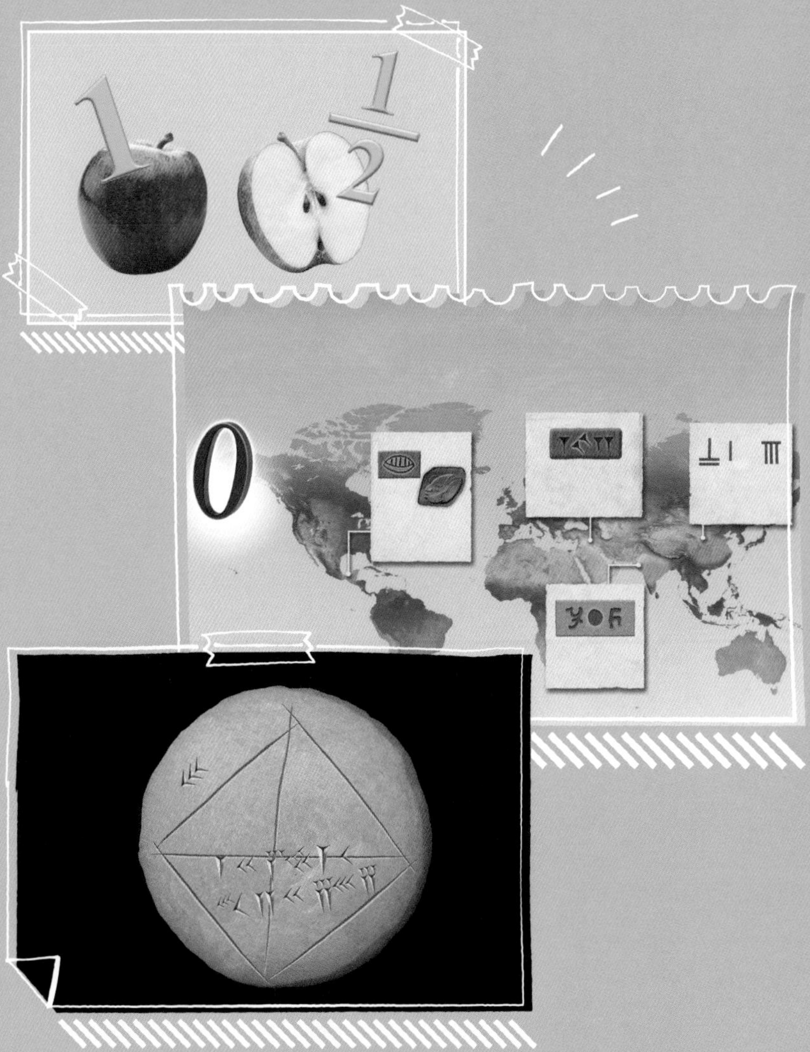

虚数が生まれる前の「数の歴史」

そもそも「数」って存在するのだろうか

数は人間の頭の中だけに存在するもの

虚数は「想像上の数」や「存在しない数」などといわれることがあります。では，私たちがよく知る1, $\frac{1}{2}$, 0.3……などといった“普通の数”は，「現実の数」や「存在する数」といえるでしょうか。

1，2，3……のような，物の個数をあらわしたり，順番をあらわしたりする数を「自然数」といいます。たとえばリンゴやミカンは，「5個のリンゴ」「3個のミカン」のように自然数を使って数えられます。**ただし，それらの個数のリンゴやミカンは確かに存在しますが，「5」や「3」という「自然数そのもの」が実体として存在するわけではありません。**

これらの自然数は，あくまで人間の頭の中にあるものです。リンゴやミカンの一つ一つは，本来は形や大きさなどが少しずつことなる別のものです。しかし，それらの個性を無視して抽象化することで，5個，3個と数えているのです。

また自然数は，「左から5番目のリンゴ」のように，物の順番をあらわすときにも使われます。**個数も順番も同じように「5」などの自然数であらわせるのは，自然数があくまで人間の頭の中に存在する抽象的な概念であるからです。**

次ページ以降でみる自然数以外のさまざまな数も，やはり抽象的な概念だといえます。さらには，2章以降でみるように，虚数もそうした数の一つなのです。

リンゴやミカンの個数を「自然数」であらわす

イラストは，リンゴやミカンの個数をあらわす自然数を示しました。「5個のリンゴと3個のミカンの総数は何個か？」と考えるとき，私たちはリンゴやミカンのちがいを無視して同じ果物という存在とみなすことで，8個（5＋3＝8）と計算しています。

虚数が生まれる前の「数の歴史」

『ゼロ』は最初，数ではなかった

6〜7世紀のインドでゼロは「数」と認められた

アラビア数字のゼロ

マヤでは，貝の形の記号によってゼロをあらわしました（左）。また，下あごに手をそえた横顔の絵文字でゼロをあらわすこともありました（右）。

古代に各地でみられたゼロ

世界の各地でみられた初期のゼロの表記法を地図上に示しました。

ゼロは最初，「10」の一の位の0や，「101」の十の位の0のように，その位に「何の数もないこと（空位）」をあらわす記号として登場しました（位取りのゼロ）。

位取りのゼロは，紀元前3世紀ごろのメソポタミアや，紀元前1世紀ごろのマヤなどで使われていたことが知られています。しかし，当時のゼロは，それ自体が1，2，3……などと同じような「数」であるとは認められていませんでした。

ゼロが数とみなされるようになったのは，6～7世紀のインドが発端とされています。ゼロを数と認めることにより，「0＋4＝4」や「10×0＝0」のような計算が可能になったのです。

インドで生まれた数としてのゼロとその表記法は，その後，アラビアのイスラム文化圏を経由してヨーロッパ全域に広まりました。これが，私たちがふだんから使っているゼロなのです。

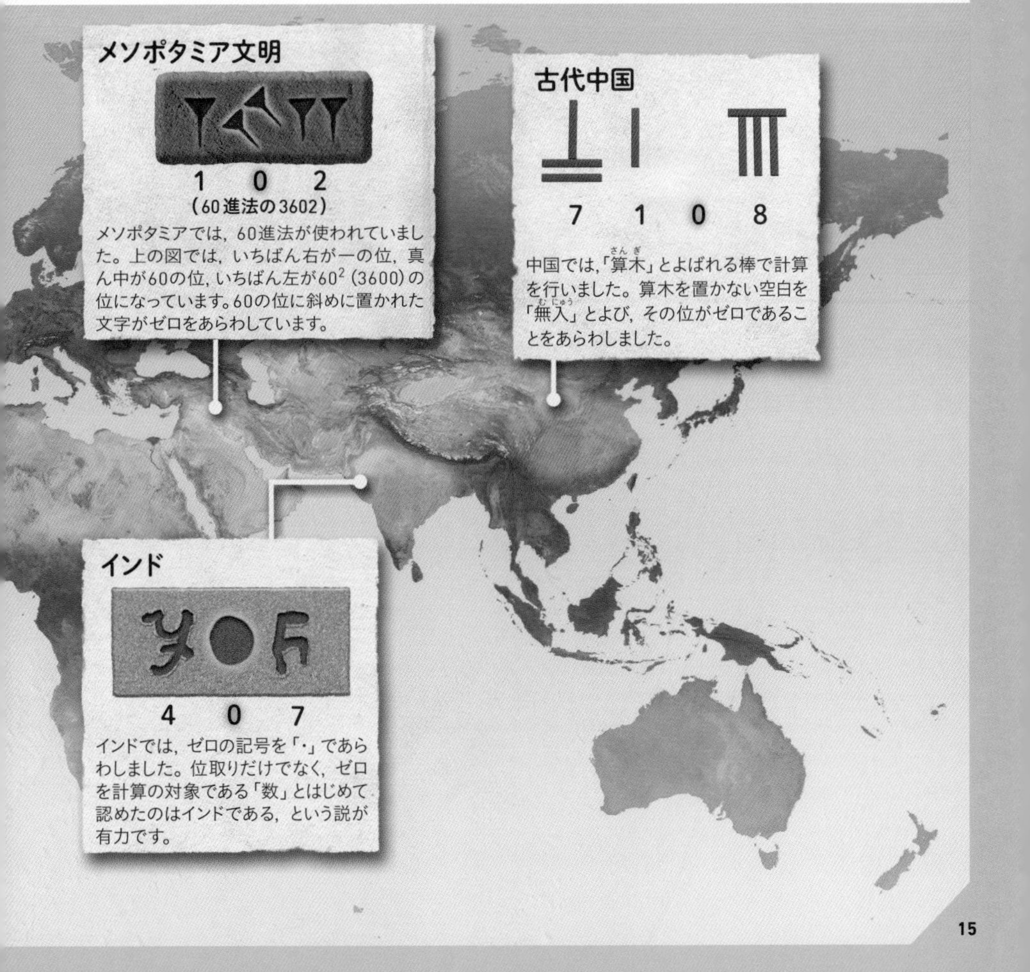

メソポタミア文明

1　0　2
（60進法の3602）

メソポタミアでは，60進法が使われていました。上の図では，いちばん右が一の位，真ん中が60の位，いちばん左が60^2（3600）の位になっています。60の位に斜めに置かれた文字がゼロをあらわしています。

古代中国

7　1　0　8

中国では，「算木《さんぎ》」とよばれる棒で計算を行いました。算木を置かない空白を「無入《むにゅう》」とよび，その位がゼロであることをあらわしました。

インド

4　0　7

インドでは，ゼロの記号を「・」であらわしました。位取りだけでなく，ゼロを計算の対象である「数」とはじめて認めたのはインドである，という説が有力です。

虚数が生まれる前の「数の歴史」

なかなかイメージできない『負の数』

古代中国ではいち早く負の数を使った計算が登場した

私たちは，「冷凍庫の温度は－18℃」，「今期の利益は前年比－10％」などと，「負の数（マイナスの数）」を何げなく使っています。**しかし負の数は，歴史的には，広く受け入れられるまでにとても長い年月がかかりました。**

負の数がいち早く登場するのは，紀元前1～2世紀ごろに書かれたとされる『九章算術《きゅうしょうさんじゅつ》』という中国の数学書です。当時，中国では，正方形のマス目をえがいた布などの上に「算木」とよばれる棒を置き，それを操作することで計算を行っていました（イラスト）。このとき，赤い算木は正の数（プラスの数）をあらわし，黒い棒は負の数（マイナスの数）をあらわしたのです。

また劉徽《りゅうき》という数学者が3世紀ごろに書いた『九章算術』の注釈には，棒を置くのではなく，棒を紙に書いて負の数をあらわすときに，いちばん下の位の数字（棒）に斜めの線を加える方法がしるされています。

注：古代中国では，10万の意味で「億」が使われていました。

古代中国では，黒い算木で負の数をあらわした

イラストは，算木を使って，63702－6451を計算するようすです。「商」と書かれた行の，位をあらわすそれぞれのマス目に，6，3，7，0，2に対応する赤い算木（正の数）を置きます。空白のマス目はゼロをあらわします。「実」と書かれた行には，－6，－4，－5，－1に対応する黒い算木（負の数）を置きます。これらの算木を動かして引き算を行います。

たとえば，一の位をみてみましょう。2本の赤い算木が置かれたマス目に，その下の1本の黒い算木を移動します。そして，赤と黒の算木1本ずつを相殺する（取り除く）と，赤い算木が1本残ります（2－1＝1）。この例の十の位のように，赤い算木が足りない場合には，一つ上の位から，くり下げます。これをすべての位で行うと，商の行に残った算木のあらわす数が引き算の答えとなります。

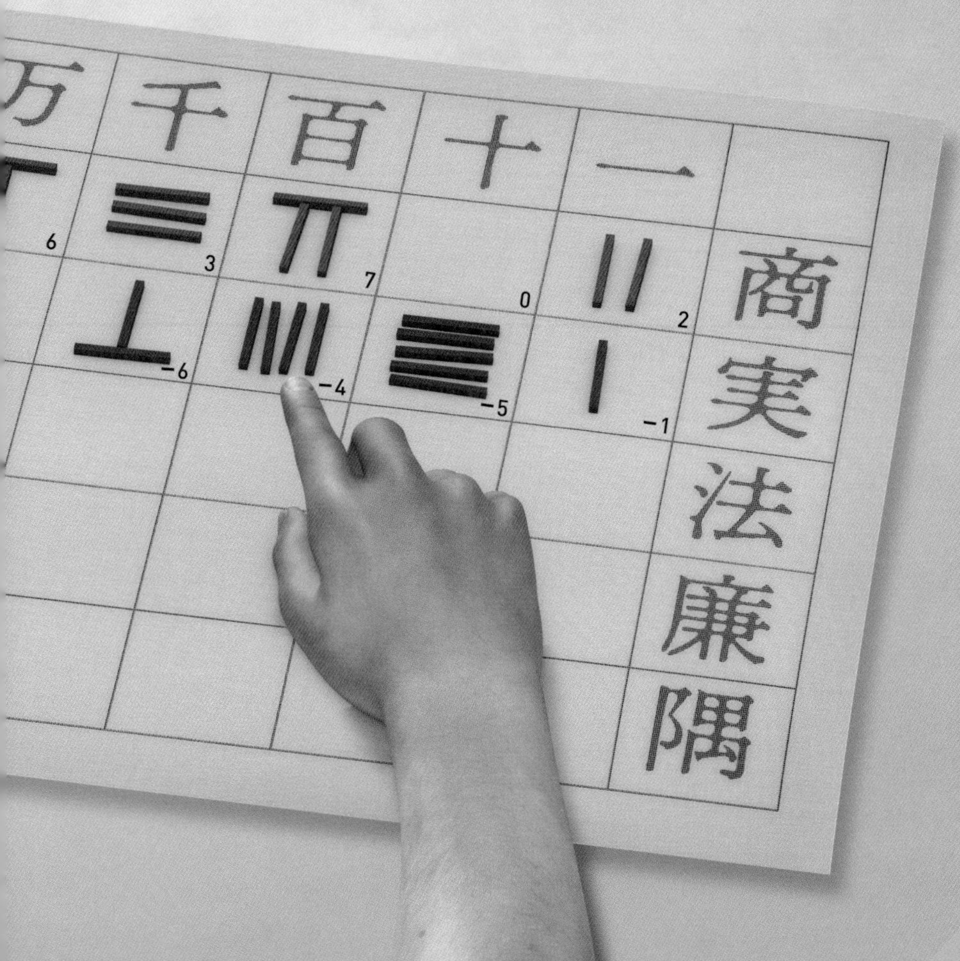

虚数が生まれる前の「数の歴史」

矢印を使うと負の数が見てわかる

正の数は前進，負の数は逆進をあらわす

17世紀ごろのヨーロッパでは，「マイナス（負）の数」は受け入れられていませんでした。有名な数学者ブレーズ・パスカル（1623～1662）でさえ，「0から4を引いても0だ」と考えたといわれています。

負の数を受け入れた最初の一人は，フランスの数学者アルベール・ジラール（1595～1632）です。ジラールは，**「正の数は前進をあらわし，負の数は逆進をあらわす」と考え，負の数を視覚的にあらわす方法を示しました**。ゼロを原点として，＋1を右向きの長さ1の矢印であらわすと，－1は＋1と反対である左向きの長さ1の矢印であらわすことができます。視覚的にイメージできるようになったことで，負の数はようやく受け入れられました。

また，矢印を使うとマイナスのかけ算が非常にわかりやすくなります。－1をかけることは，矢印の向きを180°回転させることに相当するのです。

3個のリンゴ
イメージしやすい

－3個のリンゴ
イメージしづらい

イメージしづらい負の数は，なかなか受け入れられませんでした。

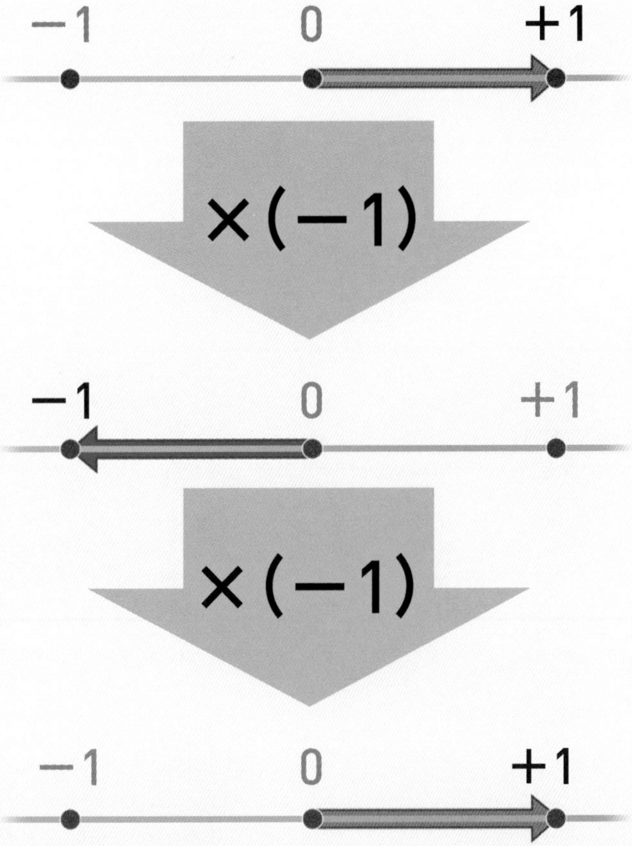

数の矢印で負の数を視覚的にとらえる

ゼロを原点に正の数を右向きの矢印，負の数を左向きの矢印であらわすとイメージしやすくなります。−1をかけることは，矢印の向きを180°回転させることに相当します。

虚数が生まれる前の「数の歴史」

「答えのない問題」が分数を生みだした

割り切れないものを理解しようと，古代の人は分数を考えだした

古代から使われる分数

上のイラストは，分数のイメージを示しました。$\frac{1}{2}$は「0.5」と小数であらわすことができます。右の図は，古代エジプトで使われていた分数をあらわす象形文字（ヒエログリフ）の一例です。

最も起源が古い数は1, 2, 3, ……であらわす「自然数」です。自然数は，リンゴが1個，羊が2頭，桜が3本といったぐあいに，物の個数を数えるのに使います。

自然数とゼロ，そして自然数にマイナスの符号をつけた数（負の数）を合わせて「整数」といいます。整数どうしの足し算，引き算，かけ算は，必ず整数の中に答えがみつかります。

ところが，整数どうしで割り算を行うと，整数の中に答えがみつからないことがあります。たとえば，1÷3の答えは，整数の中にありません。**そこで，「$\frac{1}{3}$」という新たな数がつくられました。これが「分数」です。このように，人々は「答えのない問題」に出会うたびに，新しい数の概念を生みだしてきたのです。**

「分母と分子が整数の分数」※であらわすことのできる数が有理数です。整数も，分母を1とする分数であらわすことのできる有理数です。

※：ただし，0を分母に置くことはできません。

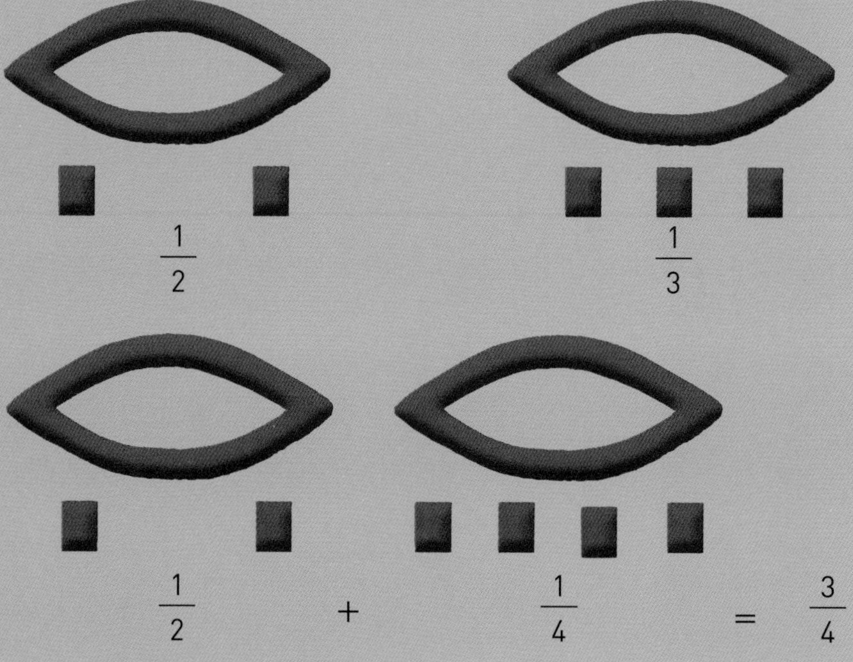

古代エジプトの分数

古代エジプトでは，「$\frac{1}{2}$」や「$\frac{1}{3}$」などの，分子が1となるような分数（単位分数）が使われていました。分子が1でない分数（たとえば$\frac{3}{4}$）は，分子が1となる分数の和の数（$\frac{1}{2}+\frac{1}{4}$）で書きました。

整数と整数の間にある数をあらわせる『分数』と『小数』

分数は，数字が循環する小数であらわせる

分数は，「小数」であらわすこともできます。たとえば「$\frac{1}{2}$」は，「0.5」とあらわせます。また，「$\frac{1}{7}$」を小数であらわすと，不思議なことがおこります。$\frac{1}{7}$ ＝1÷7を計算してみると「0.142857142857142857……」と「142857」の部分が循環しながら無限につづく小数になるのです（右ページの計算）。

実はどの分数（ただし，分母と分子が整数のもの）も，「小数点以下が有限の小数」，もしくは，「小数点以下があるけたから循環しながら無限につづく小数」になることが知られています。

分数も小数も，整数と整数の間にある数をあらわすことができる点でよく似ています。しかし，その歴史には大きなちがいがあります。分数は，『リンド・パピルス』という紀元前17世紀ごろの古代エジプトの数学書にも登場するとても古い数です。

一方，小数の歴史は意外に浅く，ヨーロッパで小数をはじめて提唱したのは，16世紀のベルギーの数学者シモン・ステヴィン（1548～1620）です。また現在のような「小数点」を使った表記法は，スコットランドの数学者ジョン・ネイピア（1550～1617）が生みだしました。

分数と小数の間の不思議な関係

右ページは，$\frac{1}{7}$を筆算で小数にするようすです。小数点以下に同じ数字の並びがくりかえしあらわれることがわかります。

$$\frac{1}{7}=0.142857142857142857142857\cdots$$

$$\begin{array}{r} 0.142857142857142857142857\cdots \\ 7\overline{)\,1.0} \end{array}$$

1.0
7
30
28
20
14
60
56
40
35
50
49
10
7
30
28
20
14
60
56
40
35
50
49
10
⋮

$\frac{1}{7}$を小数であらわすと，同じ数字の並びが無限にくりかえされる

$\frac{1}{7}$を小数であらわすために，1÷7の計算を筆算で行います。右の計算のようすをみるとわかるように，ピンクで囲った部分と紫で囲った部分には同じ計算があらわれています。そのため，小数点以下は「142857」という数字の並びが無限にくりかえされることがわかります。

なお，このような小数は，くりかえす最初の数字と最後の数字の上に・を置いて，「$0.\dot{1}4285\dot{7}$」のように書くことがあります。

虚数が生まれる前の「数の歴史」

「2乗して2になる数」は，分数ではあらわせない

ピタゴラスの考えに反して，有理数ではない数がみつかった

分数と分数（有理数と有理数）の間には，必ず別の分数が存在します。たとえば$\frac{1}{2}$と$\frac{1}{3}$の間には（$\frac{1}{2}+\frac{1}{3}$）÷2＝$\frac{5}{12}$があり，その$\frac{5}{12}$と$\frac{1}{2}$の間には（$\frac{5}{12}+\frac{1}{2}$）÷2＝$\frac{11}{24}$があります。整数も分数であらわすことができるので，これらのことから，すべての数は分数であらわすことができる（有理数である），といえるように思えます。

実際に，そのように考えていた偉人がいます。三平方の定理（ピタゴラスの定理）※で知られる古代ギリシャの数学者ピタゴラス（前582ごろ〜前496ごろ）です。**ピタゴラスは，自然数を神聖なものとして崇拝し，あらゆる数は自然数の比であらわせる（分数であらわせる）と考えていたのです。**

ところが当時，ピタゴラスの考えに反して，分数ではあらわせない数がみつかってしまいました。1辺の長さが1の正方形の対角線の長さは，三平方の定理から，「2乗して2になる数（$\sqrt{2}$）」になります。**この$\sqrt{2}$は，どうがんばっても分数であらわすことができないのです。**

$\sqrt{2}$を小数であらわすと，1.41421356……と小数点以下が無限につづきます。しかも，小数点以下は循環しません。これは，$\sqrt{2}$を「分母と分子が整数の分数」であらわせないことを意味します。すなわち，$\sqrt{2}$は有理数ではありません。**このような数を「無理数」といいます。**円周率πも，3.14159265……と，小数点以下が循環することなく無限につづく小数となるので，無理数です。

数の仲間には，無理数が無数に含まれています。それどころか，有理数と無理数の“個数”をくらべると，無理数のほうが圧倒的に多いことが知られています。

※：直角三角形の斜辺の2乗は，底辺の2乗と高さの2乗の和に等しいという定理。

レンガブロックを並べて直角二等辺三角形はつくれる？

無理数である$\sqrt{2}$は，小数であらわすと，小数点以下が循環することなく無限につづきます。直角二等辺三角形の3辺に，同じ大きさの立方体がぴったり収まるように並べることはできないことを確かめてみました。

レンガブロック

1辺が10センチメートルの立方体のレンガブロックを，横に10個，縦に（垂直に）10個並べたとき，斜辺には，同じレンガブロックがぴったり収まりません。

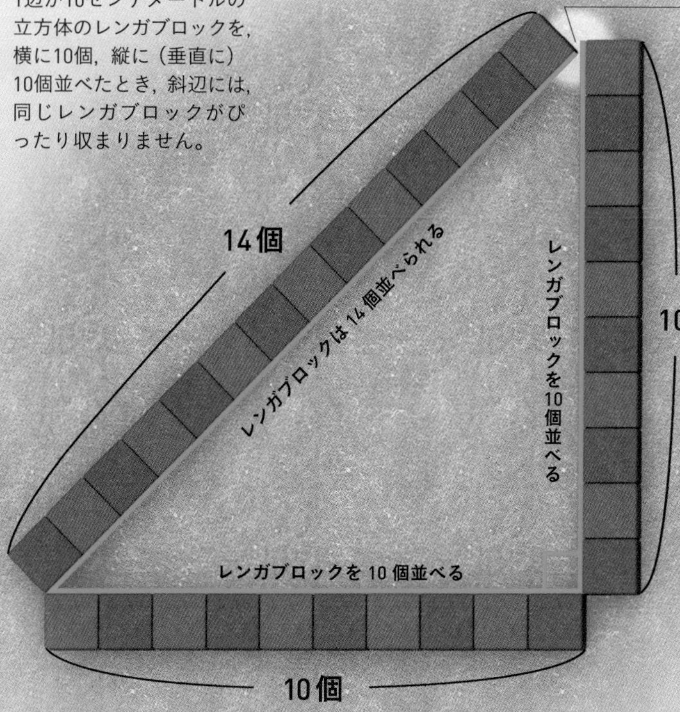

直角二等辺三角形を大きくして，上と同じサイズのレンガブロックを縦と横にそれぞれ1万個並べるとどうでしょうか。この場合もやはり，斜辺にブロックがぴったりと収まりません。実は，直角二等辺三角形をどれほど大きくしても，同じ大きさのレンガブロックを，3辺にぴったり収まるように並べることはできません。これは，$\sqrt{2}$を分数であらわすことができないことに対応しています。

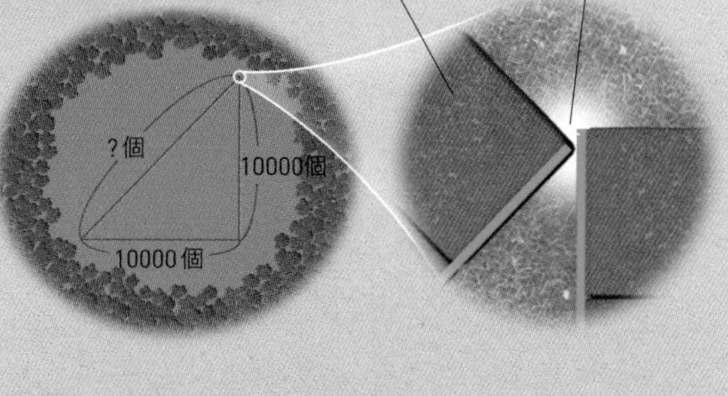

4000年前の粘土板にきざまれた$\sqrt{2}$

古代メソポタミアの人々は，$\sqrt{2}$ のおおよその値を知っていた！

古代ギリシャでようやく受け入れられた$\sqrt{2}$ ですが，**古代メソポタミアの人々は，すでにそのおおよその値を知っていたらしいことがわかっています。**

右のイラストは，アメリカのイェール大学に収蔵されているおよそ4000年前の古代メソポタミアの粘土板の復元図です。粘土板には，正方形とその対角線がえがかれているのがわかります。そして，対角線の上には，楔形《くさびがた》文字で，「1・24・51・10」という数が書かれています。

これらは60進法であらわされた数であり，10進法に直せば「1.41421296296……」（計算はイラスト右下）となり，これは$\sqrt{2}$ のきわめて正確な近似値です。

さらに粘土板には，正方形の1辺の長さを30としたときの対角線の長さ（60進法で42・25・35，10進法に直せば42.4263888……）もきざまれています。

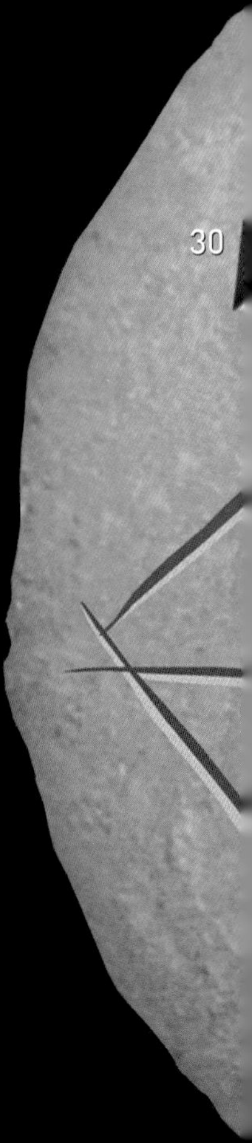

古代メソポタミアの粘土板の復元図

粘土板には，1辺7〜8センチの正方形がえがかれています。その対角線上には，$\sqrt{2}$のきわめて正確な近似値がきざまれています。

$$1+\frac{24}{60}+\frac{51}{60^2}+\frac{10}{60^3}=1.41421296296\cdots$$

$$\sqrt{2}=1.41421356237\cdots$$

虚数が生まれる前の「数の歴史」

すべての“普通の数”が出そろった！

「虚数」とは，その裏にひそむ新たな数

実数とはまったくことなる数が存在する？

実数の集まりである“普通の数”の世界と，その“外”に存在する虚数のイメージをあらわしました。

自然数とゼロ，そして自然数にマイナスの符号をつけた負の数を合わせて「整数」といいます。そして，整数と分数を合わせたものが「有理数」です（負の分数も含みます）。さらに，分数であらわすことができない数が「無理数」です。

そして，これらの数をすべて含めたもの，つまり，「有理数」と「無理数」を合わせたものを「実数」といいます。この実数が，私たちがふだん使っている“普通の数”のすべてです。

ところが，人類は実数の集まりである“普通の数”の“外”にある数をみつけることになります。それが「虚数」です。

実数の分類

実数

- 有理数
  - 整数
    - 自然数：1，2，3，…
    - 0，−1，−2，−3，…
  - $\frac{1}{2}$，$\frac{1}{7}$，$-\frac{2}{3}$，…
  - 0.35，$1.\dot{8}35\dot{2}$※
- 無理数
  - $\sqrt{2}$，$-\sqrt{7}$，$\sqrt{10}$，
  - π＝3.1415926……
  - e＝2.7182818……

※：数字の上の「・」は，8352を以下無限にくりかえすことを示す記号。

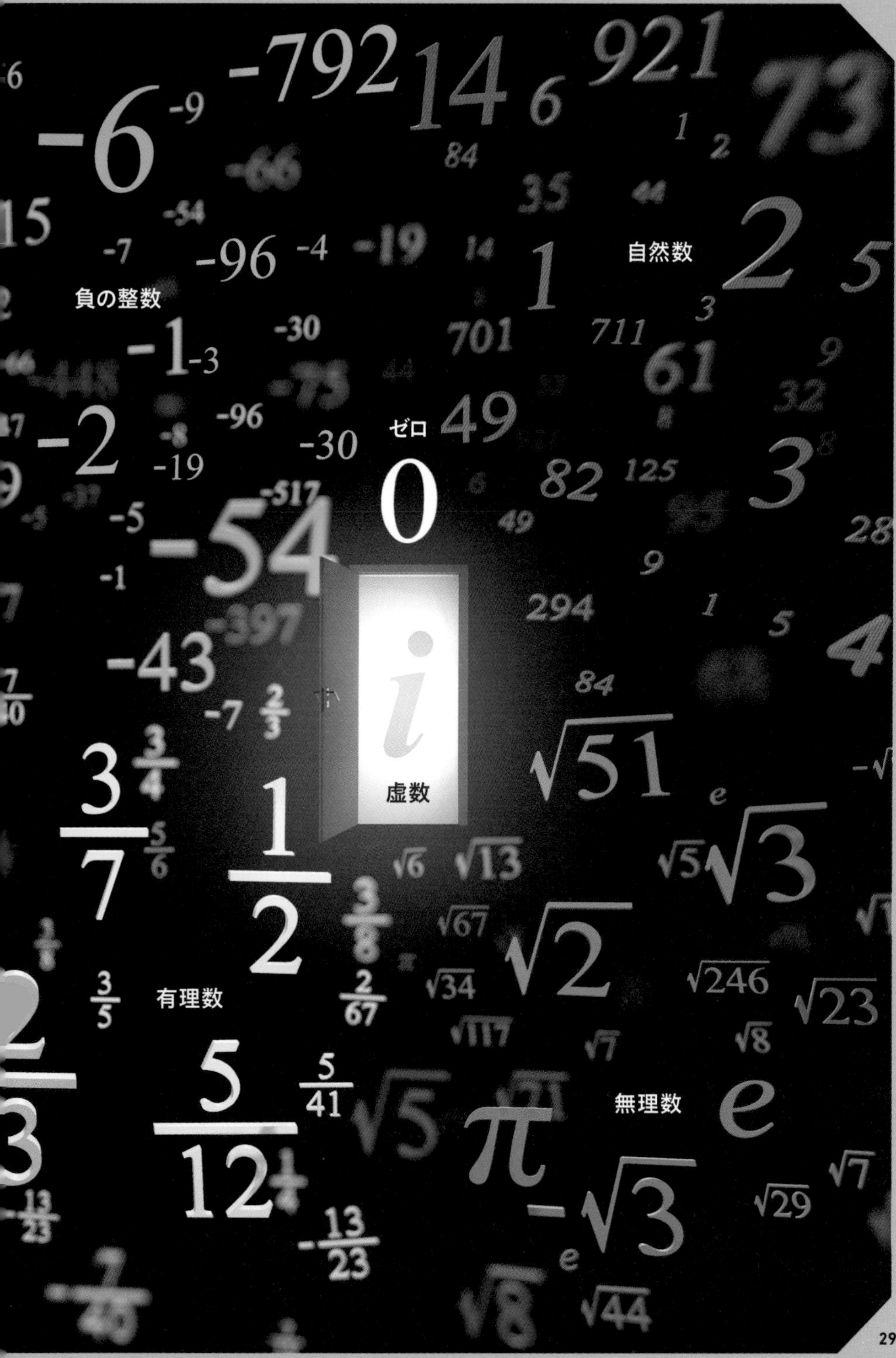
自然数
負の整数
ゼロ
虚数
有理数
無理数

Column

コーヒーブレーク

ピタゴラスにとっての有理数

ピタゴラスは，「ピタゴラス教団」，あるいは「ピタゴラス学派」とよばれる一種の宗教集団を開きました。そこで何百人もの弟子と宗教・哲学・政治を学ぶ生活を送りました。

ピタゴラス学派は，「万物の根源は数である」とし，数が意味をもつと考えました。その中

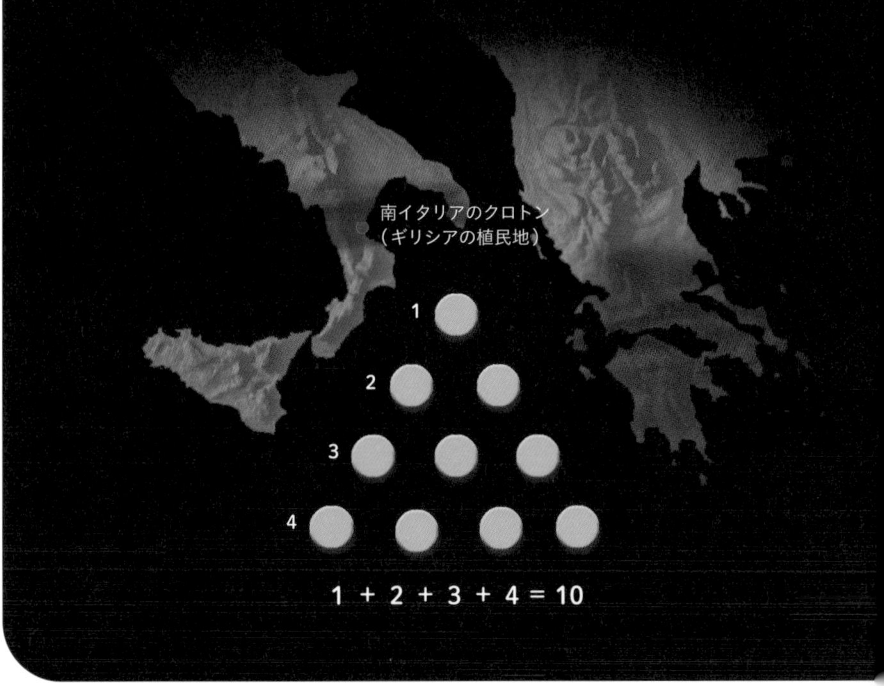

シンボルマークが示すもの

教団のシンボルマークの一つ「テトラクテュス」。“完全なる数”とされた10が，1から4までの連続する自然数の和であらわされ，かつそれをえがいた点が正三角形をなすことを示しています。

でも10は「完全なる数」であるとされたのです。

ピタゴラス学派は，万物の根源である数の中にひそむ，さまざまな法則を見いだしました。「ピタゴラスの定理」もその中の一つです。

ピタゴラスの定理からみちびきだされた$\sqrt{2}$ のような無理数については，「アロゴン（Alogon，口にできない）」とよび，秘密にしていたといわれています。

また，自然数と音のハーモニーの間に関係があることも発見しました。弦楽器の弦の長さが「1:2」「2：3」「3：4」のような自然数の簡単な比となる場合に，弦の奏でる音が調和をなすと主張しました（ピタゴラスの音律）。

ピタゴラスと有理数

紀元前6世紀のピタゴラスは，南イタリアのクロトンで一種の宗教集団を率い，何百人もの弟子と生活しました。ピタゴラスとその弟子たちは，自然数と，自然数の比（分数），すなわち有理数が数のすべてであると信じました。

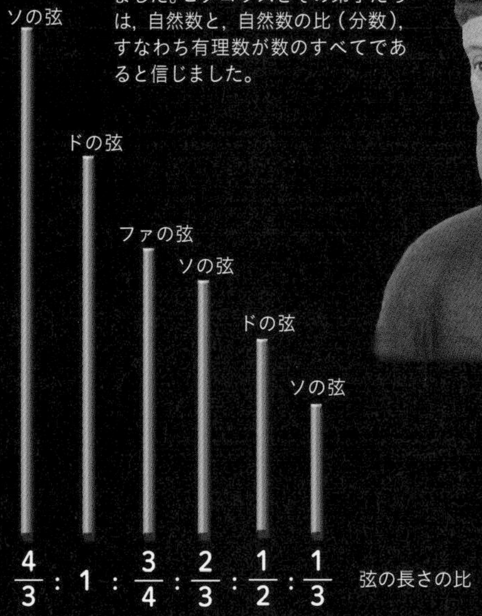

ピタゴラス
（前582ごろ〜前496ごろ）

ピタゴラスの音律

ピタゴラスは，複数の弦が和音をなすのは，弦の長さが自然数の簡単な比となる場合であると主張しました（ピタゴラスの音律）。

Column

コーヒーブレーク

$\sqrt{2}$を分数であらわす方法──連分数

無理数とは，「分子と分母がともに整数の分数」であらわすことができない数です。小数に直したとしても，循環部分をもたずに数字が果てしなくつづきます。

しかし，「連分数」という特殊な分数を使えば，無理数も分数であらわすことができます。連分数とは，分母にさらに分数が含まれているような分数のことです。

たとえば$\sqrt{2}$や$\sqrt{3}$は，右のように1と2という非常に単純な整数だけを使った連分数であらわすことができます。黄金比とよばれる数φ《ファイ》（1.618…）を連分数であらわしたときにあらわれる数は，なんと1だけです（下）。

φの連分数表記

$$\phi = 1 + \cfrac{1}{1 + \cfrac{1}{1 + \cfrac{1}{1 + \cfrac{1}{1 + \cfrac{1}{1 + \cfrac{1}{\ddots}}}}}}$$

φは「$\phi = 1 + \frac{1}{\phi}$」という式を満たしている数であり，この式の右辺のφに「$\phi = 1 + \frac{1}{\phi}$」を代入することをくりかえすと右のような連分数になります。

$\sqrt{2}$の連分数表記

$$\sqrt{2}=1+\cfrac{1}{2+\cfrac{1}{2+\cfrac{1}{2+\cfrac{1}{2+\cfrac{1}{2+\cfrac{1}{\ddots}}}}}}$$

$\sqrt{3}$の連分数表記

$$\sqrt{3}=1+\cfrac{1}{1+\cfrac{1}{2+\cfrac{1}{1+\cfrac{1}{2+\cfrac{1}{1+\cfrac{1}{\ddots}}}}}}$$

2

虚数はこうして誕生した

普通の数の“外”にあるという虚数。どんな数も2乗するとプラスになるはずですが，虚数は2乗するとマイナスになるといいます。そんな奇妙な数はどのようにして発見されたのでしょうか。また，虚数はなぜ必要なのでしょうか。ここでは中世ヨーロッパの数学エピソードを追いかけながら，虚数発見の歴史をみていきましょう。

5p:Rm:15
5m:Rm:15

『2乗してマイナスになる数』とは，どんなものか

まるで“お化け”のような数，それが虚数

「2乗してマイナスになる数」なんて，ありえる?

−1の2乗は＋1です。＋1の2乗も＋1です。0の2乗は0です。では，どんな数を2乗すれば，−1になるのでしょうか？　そんな数など，いったいどこに存在するのでしょうか？

$$(-1) \times (-1) = +1$$

$$(+1) \times (+1) = +1$$

$$0 \times 0 = 0$$

$$? \times ? = -1$$

辞書で「虚《きょ》」という字を引くと，「むなしい・からっぽの・うその」といった意味が並んでいます。虚数という字だけみれば，「存在しない数」「本物ではない数」といった，まるで“お化け”のようなイメージをもつでしょう。その名のとおり，虚数は「存在しない数」のように思えます。なぜなら虚数は，「2乗するとマイナスになる数」だからです。

「2乗する」とは，同じ数を二つかけ合わせることです。たとえば，2を2乗した数は4です（$2^2=2\times2=4$）。では，どんな数を2乗すればマイナスの数になるでしょうか？

試しに，マイナスの数である−1を2乗すると，$(-1)^2=(-1)\times(-1)=+1$となり，マイナスにはなりません。もちろん，プラスの数を2乗しても，0を2乗しても，マイナスにはなりません。**プラスからマイナスまでの数をいくら調べても，「2乗するとマイナスになる数」など，どこにも見当たらないのです。**

「マイナスの平方根」とは，いったいどんな数？

「2乗する」ことを「平方する」ともいいます。そして「2乗（平方）するともとの数になる数」のことを「平方根」といいます。たとえば，10を2乗すると100になる（$10^2=10\times10=100$）ので，10は「100の平方根」です。このことを，ルート記号（$\sqrt{\ }$）を使って「$\sqrt{100}=10$」とあらわせます。2を2乗すると4になる（$2^2=2\times2=4$）ので，「$\sqrt{4}=2$」とあらわせます。では，「マイナスの数の平方根」は，いったいどんな数になるでしょうか？　これこそが，この本の主役である虚数（英語ではimaginary number）です。

$$\sqrt{100}=\sqrt{10\times10}=\sqrt{10^2}=10$$

$$\sqrt{4}=\sqrt{2\times2}=\sqrt{2^2}=2$$

$$\sqrt{-1}=?$$

虚《きょ》数《すう》

imaginary number

万能人カルダノが虚数をはじめて本にしるした

『アルス・マグナ』に示した，虚数に関する有名な問題

虚数をはじめて書物にしるしたのが，1501年にイタリアのミラノで生まれたジローラモ・カルダノ（1501～1576）でした。カルダノは小さいころから，高名な弁護士だった父親に幅広い学問をたたきこまれ，あらゆることに普遍的な興味をもつ，典型的なルネッサンスの万能人だったといいます。

数学者としてのカルダノは，代数学（方程式の解法などを研究する分野）で顕著な業績をあげました。1545年に出版した著書『アルス・マグナ（大いなる技法）』の中では，3次方程式と4次方程式の解の公式を書きしるしています。

そんなカルダノが，『アルス・マグナ』の中で以下の有名な問題を示しました。

「二つの数がある。これらを足すと10になり，かけると40になる。二つの数はそれぞれいくつか」。

実は，これこそが虚数を生みだす重要な問題だったのです。

HIERONYMI CAR
DANI, PRÆSTANTISSIMI MATHE
MATICI, PHILOSOPHI, AC MEDICI,
ARTIS MAGNÆ,
SIVE DE REGVLIS ALGEBRAICIS,
Lib. unus. Qui & totius operis de Arithmetica, quod
OPVS PERFECTVM
inscripsit, est in ordine Decimus.

Habes in hoc libro, studiose Lector, Regulas Algebraicas (Itali, de la Cossa uocant) nouis adinuentionibus, ac demonstrationibus ab Authore ita locupletatas, ut pro pauculis antea uulgo tritis, iam septuaginta euaserint. Neque solum, ubi unus numerus alteri, aut duo uni, uerum etiam, ubi duo duobus, aut tres uni squales fuerint, nodum explicant. Hunc aut librum ideo seorsim edere placuit, ut hoc abstrusissimo, & plane inexhausto totius Arithmeticae thesauro in lucem eruto, & quasi in theatro quodam omnibus ad spectandum exposito, Lectores incitarentur, ut reliquos Operis Perfecti libros, qui per Tomos edentur, tanto auidius amplectantur, ac minore fastidio perdiscant.

上は，イタリアの数学者カルダノが1545年にしるした『アルス・マグナ（大いなる技法）』の表紙です。中央にえがかれているのはカルダノの肖像画です。カルダノは，『アルス・マグナ』で虚数の概念をはじめて導入しました。

カルダノのくらしたミラノの街

写真は，カルダノのくらしたミラノにある，大聖堂広場です。右に写るミラノの大聖堂は14世紀に着工され，カルダノの生きた16世紀にはまだ建設途中だったといいます。宗教改革による中断をはさみ，最終的に完成したのは着工から約500年後の1813年でした。

カルダノの問題を木片で考える

「足して10，かけて40」になる二つの数などあるのだろうか？

横＋縦＝10

となるように，木片を四角形に並べるとき，木片の総数が40枚（下の式）になる並べ方はあるのでしょうか？

横×縦＝40

木片を四角形に並べてカルダノの問題を考える

イラストは，木片を「横の枚数＋縦の枚数＝10」となるように四角形に並べた三つの場合を示しました。どのような並べ方でも，木片の総数は40枚にはなりません。

横5枚＋縦5枚＝10

横5枚×縦5枚＝25

小さな木片を四角形に並べて，前ページのカルダノの問題を考えてみましょう（イラスト）。

まず，この問題の答えにあたる「二つの数」が，木片の「横の枚数」と「縦の枚数」であると考えます。そして，「横の枚数＋縦の枚数＝10」になるように木片を四角形に並べます。このとき，「横の枚数×縦の枚数＝40（つまり，木片の総数が40枚）」となる並べ方をみつければ，そのときの「横の枚数」と「縦の枚数」が問題の答えとなるわけです。

下のイラストのように，木片を横に5枚，縦に5枚としてみても，横に4枚，縦に6枚としてみても，問題の条件を満たしません。すべてのパターンを試してみると，木片の総数が40枚になる並べ方は存在しないことがわかります。

ところが，**『アルス・マグナ』には，なんと，この問題の具体的な答えがしるされています**。それが，2乗するとマイナスになる奇妙な数でした。

横4枚＋縦6枚＝10

横4枚

縦6枚

横4枚×縦6枚＝24

横2枚＋縦8枚＝10

横2枚

縦8枚

横2枚×縦8枚＝16

横の枚数×縦の枚数＝40（木片の総数が40枚）**にはならない！**

虚数はこうして誕生した

カルダノの問題の答えを出すには？

「2乗してマイナスになる数」を使えば答えが出せる

カルダノがしるした答え

5 p:Rm:15

5 m:Rm:15

カルダノの時代には，平方根をあらわす√（ルート）の記号がまだなく，根《こん》を意味するラテン語のRadixを略した「Rx」を組み合わせた記号が使われました。また，プラス記号は「p:」，マイナス記号は「m:」でした。現代の書き方であらわすと，以下のようになります。

$$5+\sqrt{-15}$$

$$5-\sqrt{-15}$$

カルダノは，「精神的な苦痛を無視すれば，この二つの数のかけ算の答えは40となり，確かに条件を満たす」としるしました。しかし，カルダノは，「これは詭《き》弁《べん》的であり，数学をここまで精密化しても実用上の使い道はない」と書きそえています。虚数の答えを示していながらも，虚数の存在を受け入れてはいなかったようです。

カルダノが『アルス・マグナ』にしるした「足して10，かけて40になる二つの数は何か？」の答えは，「$5+\sqrt{-15}$」と「$5-\sqrt{-15}$」という二つの数でした。$\sqrt{-15}$というのは，2乗すると-15になる数という意味です。つまりこれは虚数です。

ほんとうに問題の答えとなっているのか確かめてみましょう。まず，「$5+\sqrt{-15}$」と「$5-\sqrt{-15}$」を足すと，$\sqrt{-15}$の部分が相殺されて$5+5=10$になります。一方，この二つの数をかけると，

$$(5+\sqrt{-15})\times(5-\sqrt{-15})$$
$$=25-(5\times\sqrt{-15})+(5\times\sqrt{-15})+15$$
$$=40$$

となり，確かにカルダノの問題の答えになっていることがわかります。

こうしてカルダノは，虚数を用いれば，答えのない問題にも答えが出せることをはじめて示したのです。

カルダノの解き方

「5よりxだけ大きな数」と「5よりxだけ小さな数」の組み合わせで，かけて40になる数をさがします。二つの数を（$5+x$），（$5-x$）と置けば，

$$(5+x)\times(5-x)=40$$

中学校で習う公式（$a+b$）×（$a-b$）$=a^2-b^2$を使って左辺を変形すると，

$$5^2-x^2=40$$

$5^2=25$なので　$25-x^2=40$

移項すると　$x^2=-15$

xは「2乗して-15になる数」となりますが，そのような数は存在しません。しかしカルダノは本の中で，「2乗して-15になる数」を「$\sqrt{-15}$」と書き，あたかも普通の数のようにあつかってみせました。そして，「5よりxだけ大きな数」と「5よりxだけ小さな数」の組み合わせである，「$5+\sqrt{-15}$」と「$5-\sqrt{-15}$」を，問題の答えとして本にしるしたのです。

『アルス・マグナ（大いなる技法）』

カルダノが1545年に書いた数学の本。3次方程式や4次方程式の解法や，それを使って解くことのできる練習問題などがしるされています。

虚数はこうして誕生した

「虚数」を認めなかった数学者たち

その存在を認めない数学者が否定的な意味で虚数と名づけた

虚数は「想像上の数」

フランスの哲学者ルネ・デカルトは，数学者としても知られます。デカルトは負の数の平方根を認めず「nombre imaginaire（フランス語で想像上の数）」とよびました。なお「虚数」という訳語は，19世紀までに中国で使われ，その後，日本へと伝わったようです。

カルダノの本に登場した虚数を，数学者たちはすぐには受け入れませんでした。フランスの哲学者で数学者ルネ・デカルト（1596～1650）は，「2乗するとマイナスになる数は図にえがけない」と結論しました。そして，**否定的な意味をこめて「想像上の数（フランス語でnombre《ノンブル》 imaginaire《イマジネール》）」とよびました**。これが，虚数を意味する英語「imaginary《イマジナリー》 number《ナンバー》」の語源です。

一方，無限大の記号「∞」をつくったことで知られるイギリスの数学者ジョン・ウォリス（1616～1703）は，次の話をもちだして，虚数を正当化しようとしました。

「ある人が面積1600の土地を得たが，そのあとに面積3200の土地を失った。全体として得た面積は-1600とあらわせる。この負の面積をもつ土地が正方形をしていたとすれば，その1辺の長さは$\sqrt{-1600}=40\sqrt{-1}$である」。

この話は詭弁というべきものですが，虚数をどうにかして認めようとしたウォリスの努力がうかがえます。

失った土地の1辺は虚数？

イギリスの数学者ジョン・ウォリスは負の面積という話をもちだして，虚数を正当化しようとしました。

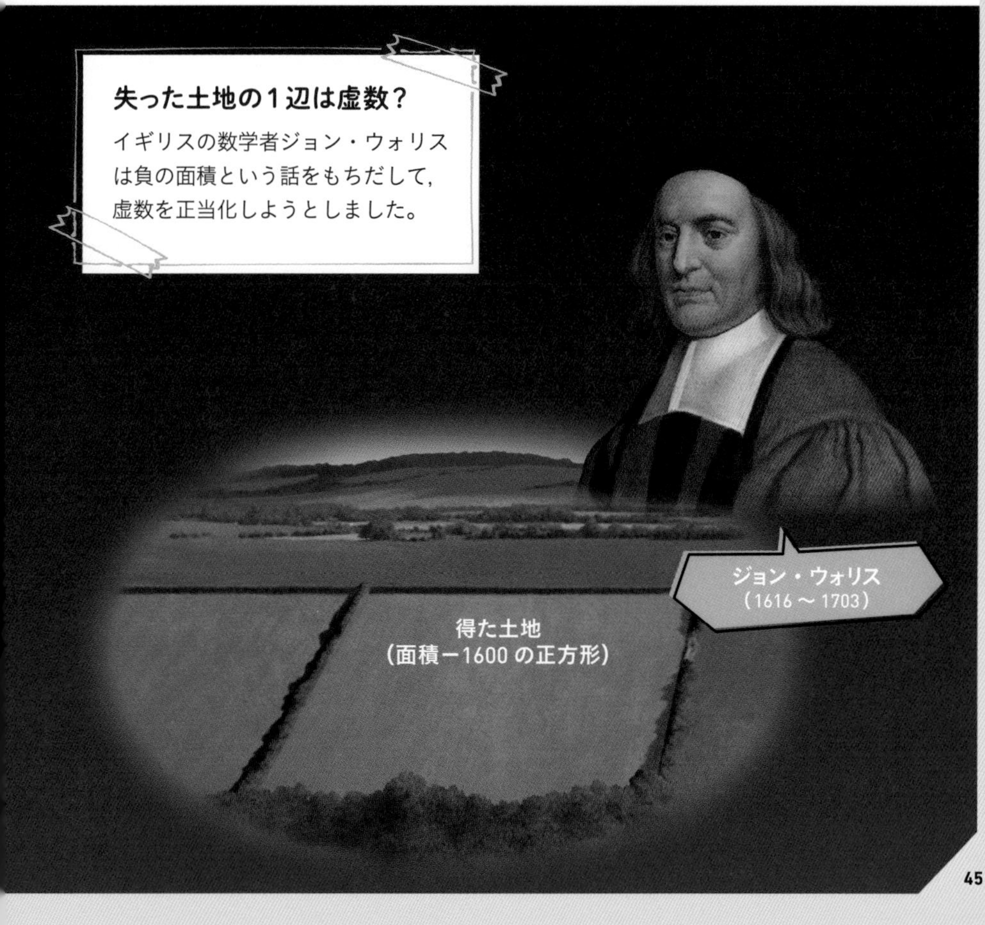

虚数はこうして誕生した

『i』であらわされる不思議な数

天才数学者オイラーによって虚数単位が定められた

$$i^2 = -1$$

レオンハルト・オイラー
（1707 〜 1783）

スイス生まれの数学者。ロシアのサンクトペテルブルクやドイツのベルリンなどで数学の研究を行い，歴史上，最も多く論文を残した数学者の一人として知られています。虚数だけでなく，三角関数や対数，微積分など，数学のさまざまな分野について深く研究し，その業績は，今日の数学の基礎となっています。

18世紀に，虚数を駆使して数学を探究した人物がいました。スイス生まれの数学者レオンハルト・オイラー（1707～1783）です。**オイラーは，「2乗すると−1になる数」を「虚数単位」と定め，imaginaryの頭文字である「*i*」という文字（記号）であらわしました。**つまり$i^2=-1$です。ルート（√，平方根の記号）を使ってあらわすと，$i=\sqrt{-1}$と書くことができます。オイラーは，虚数のもつ重要な性質を天才的な計算能力で解き明かしていきました。

虚数は，私たちがよく知る数とはまったくことなる数です。普通の数とはちがい，虚数は，「*i*個のリンゴ」といったように物の個数や量と結びつけることができません。とてもイメージしづらい数のため，虚数が発見されたあと，数学者の間でもその存在が受け入れられるまでに長い時間がかかりました。

「*i*個のリンゴ」など存在しない

自然数，分数（有理数）や無理数といった「実数」は，物の大きさや長さといった具体的な量と結びつけて考えることができます。一方，虚数は「*i*個のリンゴ」などのように具体的な量と結びつけることができません。イラストは，そうした虚数の不思議さをあらわしました。

Column

コーヒーブレーク

虚数を生んだカルダノって，どんな人？

カルダノは1501年にイタリアのパヴィーアで生まれました。父親はミラノの有名な弁護士で，幾何学など数学の素養があり，レオナルド・ダ・ヴィンチの友人でした。

カルダノは1524年にパドヴァ大学で医学の学位をとり，のちに医者として名声を高めました。腸チフスの発見や，ヒ素中毒の研究などの業績でも知られています。

また，**カルダノは医者としてだけでなく，数学者や占星術師，賭博師としての顔ももち，職業や趣味にとらわれることなくあらゆることに普遍的な興味をもつ，典型的なルネッサンスの万能人だったといいます。**

数学者としての業績で最も有名なのは，著書『アルス・マグナ（大いなる技法）』の中で，3次方程式の解の公式を紹介し，虚数の概念をはじめて導入したことです（42〜43，50〜51ページ）。

また，賭博が大好きで，著書『さいころ遊びについて』では次のような問題を解いています。

「二つのさいころを同時に投げる。目の和がいくつになると賭けるのが最も有利か」。

二つのさいころの目の組み合わせは，6×6の36通りで，和が7となる組み合わせが最も多くなります（6通り）。したがって，「目の和7に賭けるのが最も有利」と論じたのです（右のグラフ）。

カルダノは，私生活では賭博で身をほろぼしてしまいました。最後には，自分の死期を予言して，その正しさを証明するために断食し，自身の予言どおりの日に死んだと伝えられています。

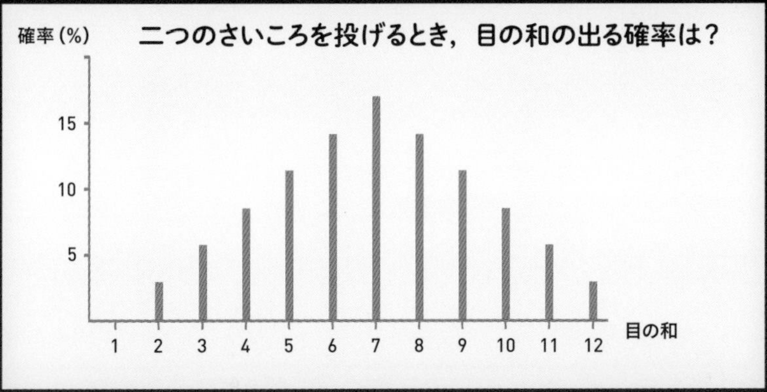

確率（%）
二つのさいころを投げるとき，目の和の出る確率は？
15
10
5
1 2 3 4 5 6 7 8 9 10 11 12
目の和

ジローラモ・カルダノ
（1501 ～ 1576）

虚数を生んだ，中世の『数学勝負』

きっかけは「3次方程式の解の公式」

タルタリア（ニコロ・フォンタナ）
（1499 ～ 1557）

北イタリアの町ブレーシャ出身の数学者。子供のころに戦争に巻きこまれて兵士にあごを切られ，それ以来言葉に障害が残りました。以後「タルタリア」（吃音《きつおん》の意味）とよばれ，みずからもそう名乗りました。貧しさから学校へ通えず，独学で数学を身につけたといいます。

16世紀イタリアでは，数学者たちが公開の場でたがいに問題を出し合って優劣を決める「数学勝負」がさかんに行われていました。ニコロ・フォンタナ，通称タルタリア（1499～1557）もその一人でした。

タルタリアの名を知らしめた数学勝負があります。タルタリアに数学勝負を申しこんだのは，ボローニャ大学の数学教授シピオーネ・デル・フェッロ（1465?～1526）の弟子，アントニオ・フィオールです。

フィオールには勝算がありました。当時，3次方程式（x^3を含む方程式）には，解の公式が存在しないと信じられていましたが，師のデル・フェッロは公式をひそかに発見し，フィオールに教えていたのです。フィオールは，自分しか解法を知らないはずの3次方程式を30問，タルタリアにぶつけたのです。

しかし，**タルタリアは，独自の3次方程式の解の公式を使って圧勝しました**。実はタルタリアは，デル・フェッロのものより応用のきく3次方程式の解の公式を編みだしていたのです。**この3次方程式の解の公式が虚数を生むきっかけとなったのです**。

タルタリアが発明した「3次方程式の解の公式」

3次方程式

$$x^3 + px + q = 0$$

の解は，以下の公式で求められます。

$$x = \sqrt[3]{-\frac{q}{2} + \sqrt{\left(\frac{q}{2}\right)^2 + \left(\frac{p}{3}\right)^3}} + \sqrt[3]{-\frac{q}{2} - \sqrt{\left(\frac{q}{2}\right)^2 + \left(\frac{p}{3}\right)^3}}$$

上の公式の「$\sqrt[3]{\ }$」は，「3乗するとその数になる数」をあらわす記号で，「3乗根」とよばれます。3次方程式によっては，黄色で示した部分が虚数になってしまう場合があります。

虚数はこうして誕生した

タルタリアとの約束を破った？

内緒で教えてもらった式を改良して発表したカルダノ

右の問題は，前ページで紹介したタルタリアとデル・フェッロの数学勝負で，実際にタルタリアが解いた問題に似たものです。タルタリアは3次方程式の解の公式を使ってみごとこの問題を解いたのです。

タルタリアの解の公式では，負の平方根，すなわち虚数が計算に出てきてしまう場合があります。これに注目したのがカルダノです。タルタリアの評判を聞いたカルダノは，3次方程式の解の公式を教えてくれるよう，タルタリアにしつこくせがみました。根負けしたタルタリアは，だれにもいわないことを条件に，ついに公式をカルダノに教えました。

ところがタルタリアは，カルダノの著書『アルス・マグナ』を見て激怒します。秘密にすると約束したはずの公式が，堂々と書かれていたからです。しかしカルダノにもいいぶんがあります。本にのせたのはタルタリアの式そのものではなく，さらに応用のきくかたちに自分で改良した式でした。

ともあれ，**カルダノはタルタリアの式を深く研究する中で，虚数があればどんな2次方程式にも解が出せることに気がついたようです**。その意味では，タルタリアも，虚数の誕生に一役買ったといってよいでしょう。

タルタリアが数学勝負で解いた問題に似た問題

問題：商人がサファイアを520ダカット※で売った。仕入れ値は，もうけのちょうど3乗に等しかったという。もうけはいくらか？

※：ダカットとは，当時のヴェネチアの通貨単位

ヴェネチアのダカット金貨

サファイア

解き方：もうけをxと置くと，仕入れ値はx^3となります。これらを足し合わせたものが売り値であり，それが520に等しいことを式にすれば，次の3次方程式ができます。

$$x^3+x=520$$

両辺から520を引いて

$$x^3+x-520=0$$

タルタリアが発見した「3次方程式の解の公式」（51ページ）に，$p=1$，$q=-520$を代入すると，次のように解が求まります。

$$x=\sqrt[3]{260+\sqrt{\frac{1825201}{27}}}+\sqrt[3]{260-\sqrt{\frac{1825201}{27}}}$$

これ以上の計算は筆算ではむずかしいので，3乗根が計算できる関数電卓を使いましょう。

$$x=(8.041451884\cdots)+(-0.041451884\cdots)=8$$

$x=8$は確かにもとの方程式を満たすので，これが解だとわかります。

答え：もうけは8ダカット（仕入れ値は$8^3=512$ダカット）

注：実際にタルタリアが解いた問題は，売り値が520ではなく500でした。この場合の解は整数になりません。

『2次方程式』には実数で答えが出せないものがある

古代メソポタミア人は，答えのない方程式を取りあつかうことはなかったようだ

解の有無を知りたいときは？

2次方程式の解の有無は，右のようにグラフをえがけばわかります。しかし，2次方程式の解の公式に出てくる平方根の中身「b^2-4ac」の符号を調べれば，実際に方程式を解いたりグラフをえがいたりしなくても，解の有無を判定できます。この「b^2-4ac」を「判別式（discriminant）」といい，記号Dで書きます（下）。

2次方程式の解の公式

2次方程式 $ax^2+bx+c=0$ の解は，

$$x=\frac{-b\pm\sqrt{b^2-4ac}}{2a}$$

2次方程式の判別式

2次方程式 $ax^2+bx+c=0$ の判別式は，

$D=b^2-4ac$

- $D>0$のとき　解は2個
- $D=0$のとき　解は1個（重解）
- $D<0$のとき　実数の解はなし

1. 判別式 D>0 の場合

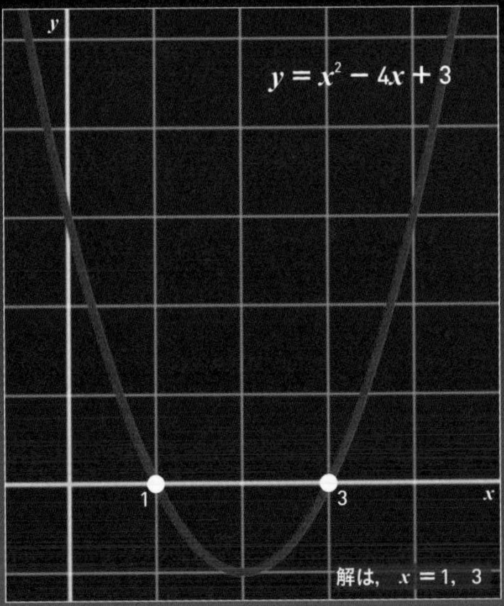

$D=4^2-4\times1\times3$
$=16-12$
$=4>0$

カルダノの問題は数式であらわせば，「$25-x^2=40$となるxを求めよ」という問題と同じです。式を変形すれば，「$x^2=-15$」となります。つまり，「2乗して－15になる数をさがせ」ということです。しかし，実数の中には，2乗してマイナスになる数など存在しません。したがって，この問題の答えは，実数の中には決してみつからないのです。

x^2が登場する方程式を，「2次方程式」といいます。すでに，紀元前2000年ごろのメソポタミア人は，2次方程式の答え（解）を簡単にみつけるための必勝法を知っていました。これは，私たちが中学校の数学の授業で学ぶ「2次方程式の解の公式」（左下の囲み）と本質的に同じものです。

しかし，この必勝法で上の問題を解こうとすると，「2乗してマイナスになる数」が必要となり，そこで計算不能におちいってしまいます。メソポタミア人は，そのような答えのない方程式を取りあつかうことはなかったようです。

「『2乗してマイナスになる数』さえあれば，それまで答えがないとされてきた2次方程式にも，答えが出せるはずだ」。**そのことに気づく数学者の登場は，3500年以上先の，16世紀まで待たなければならなかったのです。**

2. 判別式 $D=0$ の場合

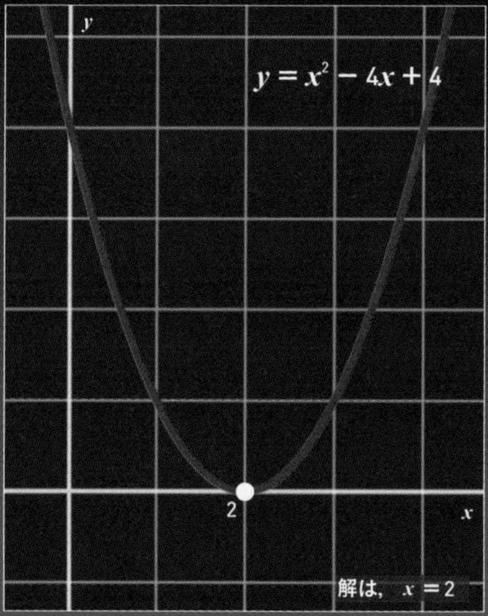

$$D=4^2-4\times1\times4$$
$$=16-16$$
$$=0$$

3. 判別式 $D<0$ の場合

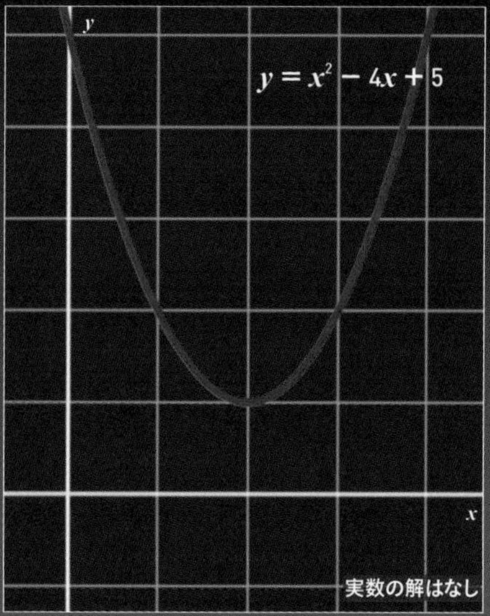

$$D=4^2-4\times1\times5$$
$$=16-20$$
$$=-4<0$$

虚数はこうして誕生した

「解の公式」でカルダノの問題を解く

まずは問題を2次方程式のかたちに置きかえる

問題　足して10，かけて40になる二つの数を求めよ

解き方

$$A+B=10 \quad \cdots\cdots①$$

$$A\times B=40 \quad \cdots\cdots②$$

未知の数が二つあると解けないので，②の式からBを消しましょう。
①を変形した$B=10-A$を②に代入すれば，Bが消えて，Aだけの2次方程式になります。

$$A\times(10-A)=40$$

カッコをはずすと

$$A\times10-A\times A=40$$

解の公式が使えるように，式を「$aA^2+bA+c=0$」の形に直すと，

$$-A^2+10A-40=0$$

$a=-1$，$b=10$，$c=-40$を解の公式に代入すると（右ページ「もっとくわしく！」），

$$A=5\pm\sqrt{-15}$$

$A=5+\sqrt{-15}$のとき，①より，$B=5-\sqrt{-15}$となり，
$A=5-\sqrt{-15}$のとき，①より，$B=5+\sqrt{-15}$となります。
したがって，求める二つの数は　$5+\sqrt{-15}$　と　$5-\sqrt{-15}$　です。

中学校の数学では，「2次方程式の解の公式」を学びます。解の公式を使えば，2次方程式に並んだ数字を公式に入れる（代入する）だけで，自動的に解が求まります。解の公式は，**いってみれば，方程式を解くための“必勝法”なのです。**

2次方程式 $ax^2+bx+c=0$ の解の公式

$$x=\frac{-b\pm\sqrt{b^2-4ac}}{2a}$$

前ページでみたように，約4000年前の古代メソポタミア人は，2次方程式の解の公式と本質的に同じ方法を，すでに知っていたといわれます。

それでは，**この2次方程式の解の公式を使って，カルダノの問題を解いてみましょう。**

また，カルダノが示した二つの数が，ほんとうに問題の条件を満たしているのかどうかも，あわせて確認しておきましょう。

答え　$5+\sqrt{-15}$　　$5-\sqrt{-15}$

虚数！　　虚数！

確認

足して10になるか？

$$(5+\sqrt{-15})+(5-\sqrt{-15})=10$$

かけて40になるか？

$$(5+\sqrt{-15})\times(5-\sqrt{-15})=5^2-(-15)$$

$$=40$$

もっとくわしく！　「2次方程式の解の公式」での計算は？

$$A=\frac{-b\pm\sqrt{b^2-4ac}}{2a}$$

$$=\frac{-10\pm\sqrt{10^2-4\times(-1)\times(-40)}}{2\times(-1)}$$

$$=\frac{-10\pm\sqrt{100-160}}{-2}=\frac{-10\pm\sqrt{-60}}{-2}$$

$$=\frac{-10\pm\sqrt{4\times(-15)}}{-2}=5\pm\sqrt{-15}$$

虚数単位iを使ってできる計算

“普通の数”と同じように足し算・引き算・かけ算・割り算ができる

2乗すると−1になる数（−1の平方根），すなわち$i^2=-1$となるiを「虚数単位」とよびます。$i=\sqrt{-1}$とも書けます。

iを使うと，「2乗するとマイナスになる数」は，実数とiの積（かけ算の答え）としてあらわすことができます。たとえば，$x^2=-15$となるxは，$\sqrt{-15}=\sqrt{15}\times\sqrt{-1}=\sqrt{15}\,i$とあらわせます。

iは，実数と同じく，四則演算（足し算・引き算・かけ算・割り算）の対象としてあつかうことができます。たとえば，次のような計算が可能です。

$i+i=2i$,

$i-i=0$,

$i\div i=1$,

$i^4=i\times i\times i\times i$

$\quad=(-1)\times(-1)=1$

実数aとbを使って$a+bi$のかたちであらわされる数を「複素数」といいます（くわしくは3章で紹介します）。複素数は，実数の範囲をこえて拡張された新しい数です。複素数$a+bi$について，aを「実部」，bを「虚部」といいます（虚部はbiではなくbであることに注意しましょう）。

虚部bが0のときは複素数$a+bi=a$となり，この複素数は実数になります。虚部が0でないとき（$b\neq0$のとき）は複素数$a+bi$は実数にはならず，このときの複素数を「虚数」といいます。

この本では「2乗してマイナスになる数」を虚数とよんでいますが，正確には実数ではない複素数はすべて虚数です。虚部$b\neq0$で，かつ実部$a=0$のときは複素数$a+bi=bi$となり，実数を含まない虚数となります。これを特別に「純虚数」といいます。

虚数単位 i について，次の式がなりたちます。

$$i^2 = -1$$
$$i = \sqrt{-1}$$
$$\sqrt{-15} = \sqrt{15} \times \sqrt{-1} = \sqrt{15}\,i$$

虚数単位 i を使って，次のような計算が行えます。

$$i + i = 2i$$
$$i - i = 0$$
$$i \div i = 1$$
$$i^4 = i \times i \times i \times i = (-1) \times (-1) = 1$$

複素数 $a+bi$ について，次のことがいえます。　※a, b は実数

- $b=0$ のとき→複素数 $a+bi$ は実数
- $b \neq 0$ のとき→複素数 $a+bi$ は虚数
- $b \neq 0$ かつ $a=0$ のとき→複素数 $a+bi$ は純虚数

複素数 $a+bi$ について，次のような計算が行えます。　※a ～ d は実数

- $(a+bi)+(c+di) = (a+c)+(b+d)i$
- $(a+bi) \times 2 = 2a+2bi$
- $(a+bi) \times i = ai + b(i \times i)$

$$= ai + b(-1)$$
$$= -b + ai$$

虚数まで考えれば方程式は必ず解をもつ

天才数学者ガウスが学位論文で証明した定理

ドイツの数学者カール・フリードリッヒ・ガウス（1777～1855）は重要な発見などについて日記につづっており，その日記は現存しています。146個の記事のうち，8割以上が1796年（18歳）から1801年（24歳）の間に書かれたもので，若き日のガウスの研究の歩みがよくわかります。

ガウスの日記の最初の記述は，正17角形の作図方法を発見したというものです（右ページ上段）。また，「ガウスの三角数定理」とよばれる定理を証明したという記述（右ページ中段）や，中には解読されていない記述もあります。

1799年，22歳のガウスは，学位論文で，「代数学の基本定理」とよばれる重要な定理を証明しました。 ガウスの日記には，1797年10月づけで，「方程式は虚根※をもつことが，自然な方法で証明された」と書かれており，これは代数学の基本定理のことを指しています。そして，後日つけ加えたと思われる字で「1799年8月に私の学位論文で発表した」ともしるされています（右ページ下段）。

代数学の基本定理とは，「複素数係数のn次方程式は，必ず複素数の解をもつ」という定理です。複素数係数のn次方程式とは，

$$a_n x^n + a_{n-1} x^{n-1} + \cdots + a_1 x + a_0 = 0$$

（a_0 ～ a_n は複素数の定数）

であらわされる方程式です。解をもたないとされた2次方程式が，複素数まで含めると解をもつという話を54～57ページで紹介しましたが，代数学の基本定理は，2次方程式を含むすべての方程式が，複素数まで含めれば必ず解をもつということを意味しています。

このガウスの功績により，方程式を解くために必要な数においては，複素数こそが人類による数の拡張の旅の終着点であり，これ以上の数の拡張は必要ないということが示されたのでした。

※：方程式の解のうち虚数を含むもの。

ガウスの日記の原本

写真で示したのは，ガウスの日記の直筆のページです。翻訳は『ガウスの《数学日記》』（高瀬正仁訳・解説，日本評論社）から引用しました。

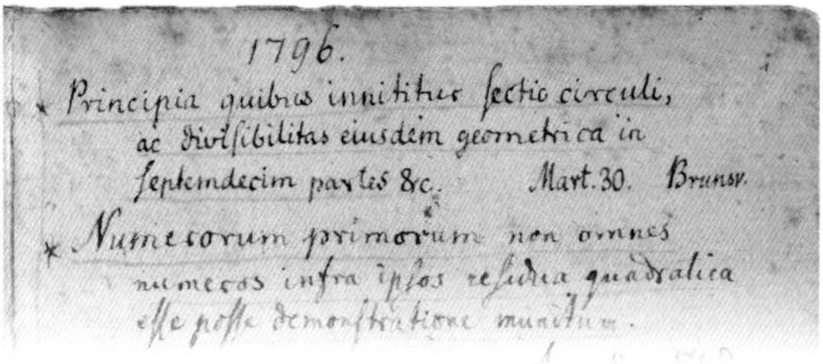

“円周の分割が依拠する諸原理，わけても円周の17個の部分への幾何学的分割が可能であることを…[1797年] 3月30日，ブラウンシュヴァイク”

正17角形が作図可能であることをしるしたものです。ブラウンシュヴァイクはドイツの都市で，この日記が書かれた場所を示しています。[ ]でくくられた部分は，実際には書かれていませんが，前後の文脈などから予想される情報です。

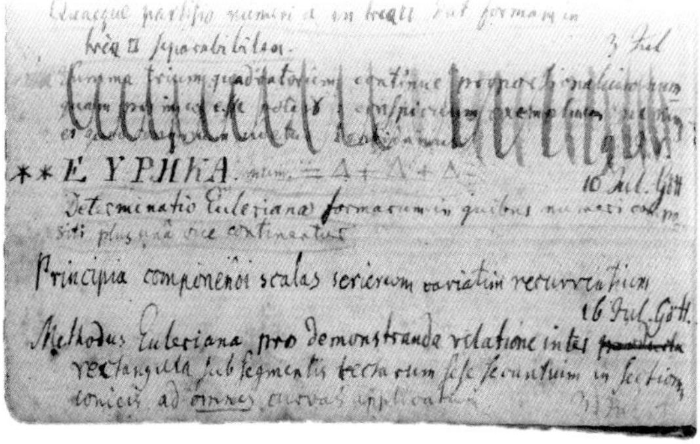

“発見した! 数＝△＋△＋△…[1796年] 7月10日，ゲッティンゲン”

この記述は，任意の数が三つ以下の「三角数」(下の解説）の和であらわされることを意味しています。発見した！の部分は，ギリシャ語で「EYPHKA（エウレーカ)」と書かれています。

三角数とは？

正三角形の形に点を並べたときに，そこに並ぶ点の総数が三角数です。1，3，6，10などが含まれます。

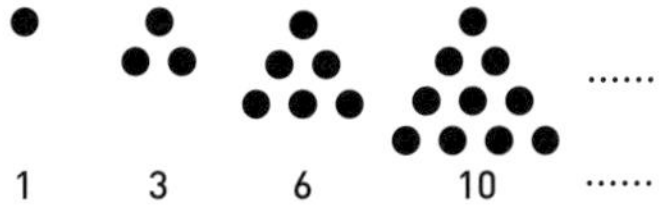

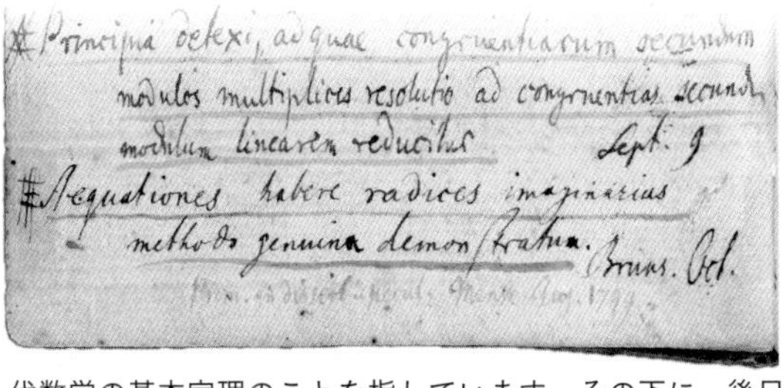

“方程式は虚根をもつことが，自然な方法で証明された… ブラウンシュヴァイク，[1797年] 10月”

代数学の基本定理のことを指しています。その下に，後日つけ加えたと思われる字で「1799年8月に私の学位論文で発表した」とあります。

3

新たに生まれた数『複素数』

新しい数を次々に生みだしつづけてきた人類は, ついに虚数と実数を足し合わせた「複素数」にたどりつきました。複素数の計算はどのように行うのでしょうか。複素数の不思議な性質やあつかい方をみていきましょう。

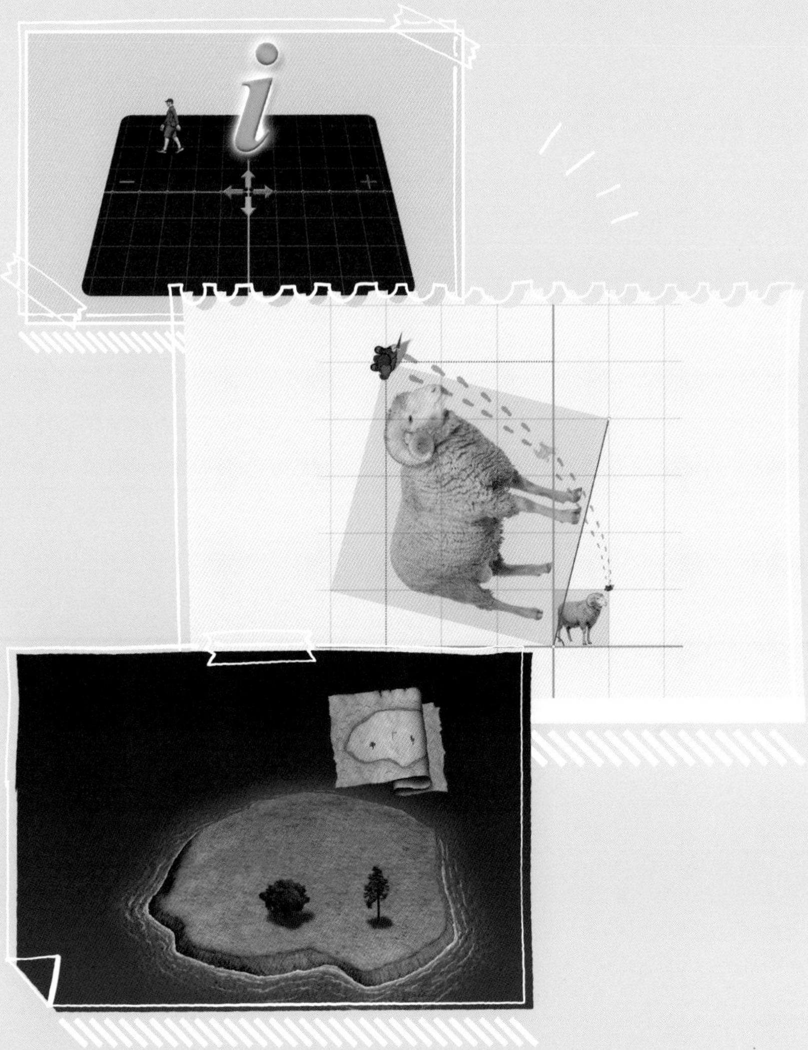

新たに生まれた数「複素数」

目に見えない虚数を図にえがくには

数直線の原点から上下にのばした矢印であらわす

あらゆる実数は，数直線上のどこかにあります。しかし，**虚数は数直線上のどこにもありません。**このように視覚的にイメージできない虚数は，なかなか人々に受け入れられませんでした。

虚数を視覚的にあらわす方法を発見したのは，デンマークの測量技師カスパー・ヴェッセル（1745～1818）でした。ヴェッセルは，虚数が数直線上にないのなら，数直線の“外”，つまり，ゼロの位置（原点）から上下の方向にのばした矢印で虚数をあらわせばよいのではないか，と考えたのです。

水平に置いた数直線で実数をあらわし，それに垂直なもう一つの数直線で虚数をあらわせば，縦と横の二つの軸をもつ平面ができます。虚数は，この平面上の点であらわすことができます。

こうして虚数は“目に見える”ようになり，ようやく市民権を得ることができたのです。

虚数は，平面上にあらわすことができる

イラストは，実数をあらわす数直線（上）と，実数と虚数を合わせた複素数をあらわすことができる「複素平面」（下）をえがいたものです。複素数と複素平面については，66～67ページで説明します。

実数をあらわす「数直線」

実数は，数直線上の1点であらわされます。

虚数（複素数）をあらわす「複素平面」

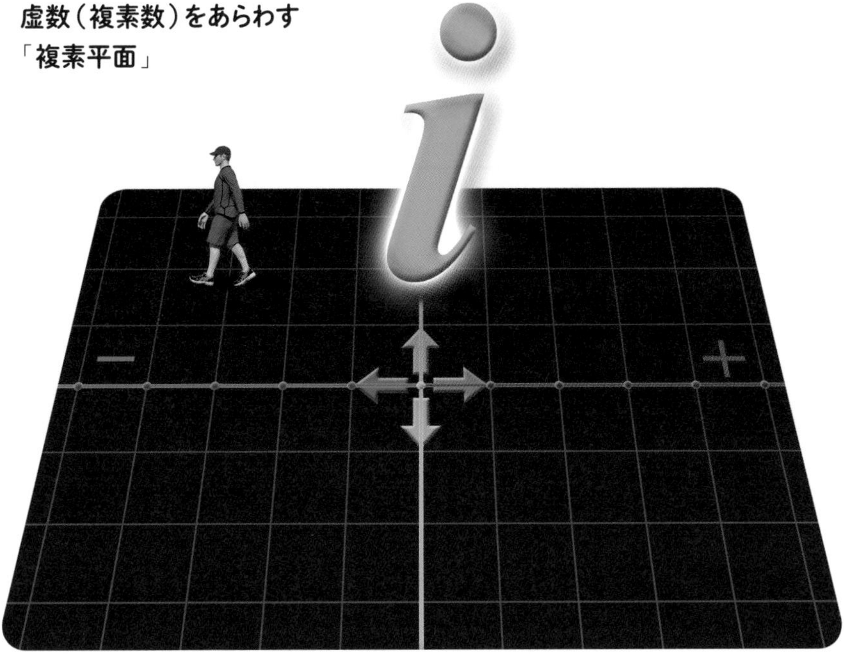

虚数（複素数）は，複素平面上の1点であらわされます。

新たに生まれた数「複素数」

ガウスらが発見した『複素平面』とは

実数と虚数を合わせた新しい数「複素数」の誕生

二つの数直線からなる平面で虚数を図にえがく方法を発見したのは，ヴェッセルだけではありません。フランスの会計士ジャン・ロベール・アルガン（1768～1822）とドイツの数学者ガウスも，それぞれ独自に同様のアイデアにたどりついたのです。

ガウスはこの平面上の点としてあらわせる数を「複素数」と名づけました。**複素数は，実数と虚数という複数の要素をもつ数であり，実数の範囲をこえて拡張された新しい数です。**

たとえば，実数である5に，虚数である4iを足した答えは「5＋4i」です。この数は，実数の数直線（実数軸：横軸）の座標が5で，虚数の数直線（虚数軸：縦軸）の座標が4iとなる点としてあらわすことができます。

この図は「複素平面」といい，「複素数平面」「ガウス平面」とよばれることもあります。

ある複素数をzと書くと，実数aとb，虚数単位iを使って，

$$z = a + bi$$

とあらわせます。
また，その絶対値は$|z|$と書き，

$$|z| = \sqrt{a^2 + b^2}$$

とあらわせます。

複素数5＋4iの絶対値は？

複素数$a+bi$の絶対値は，複素平面上の原点からの距離と定義され，左に示した式で求められます。よって，5＋4iの絶対値は，$\sqrt{5^2+4^2}=\sqrt{41}$となります。

5+4iは，複素平面のどこにある？

原点から出発して，実数軸（オレンジ）を正の方向に5進み，虚数軸（緑）を正の方向に4進んだ点が，5＋4 i です。原点からその点までの距離（黄色の矢印の長さ）は,「絶対値」の大きさです。また，黄色の矢印が実数軸（正の方向）となす角を「偏角」といいます（反時計まわりの角度を正とします）。

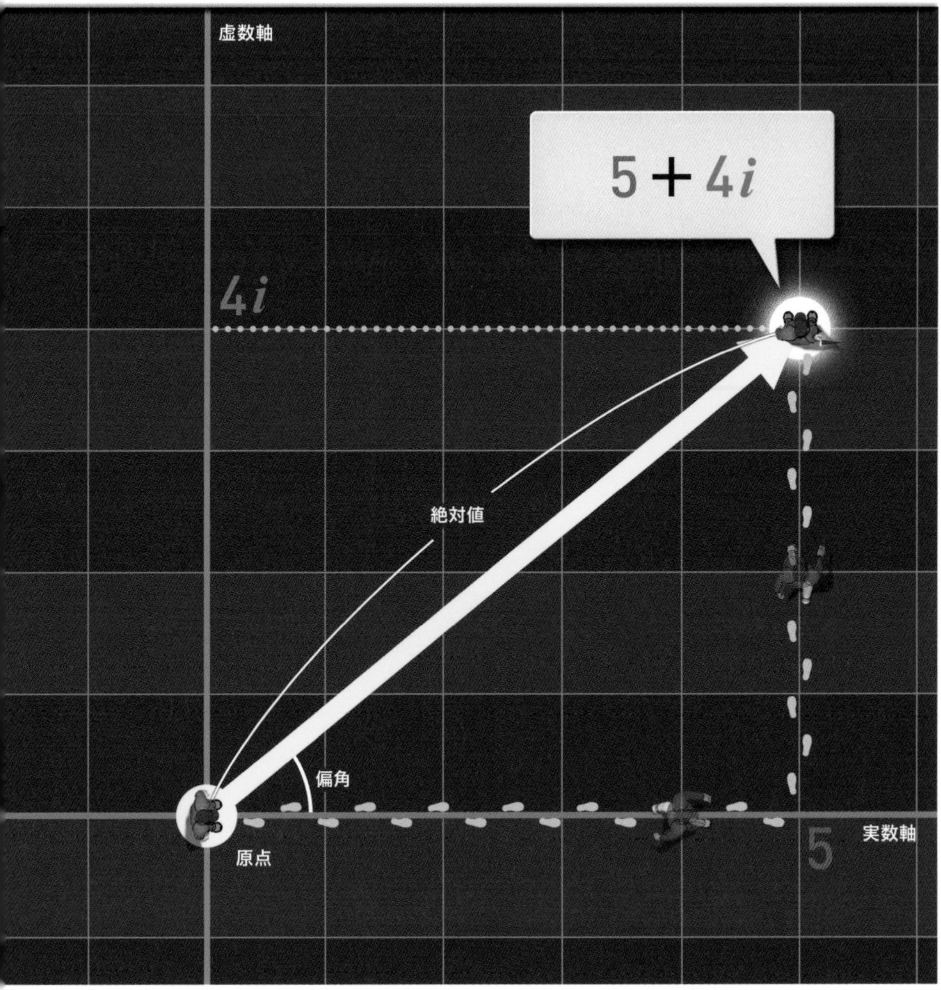

新たに生まれた数「複素数」

複素数は数の拡張の終着駅

複素数の発見で，数の世界はついに完成した

ここで，数の世界の拡張を振り返ってみましょう。個数をあらわせる「自然数」につづいて，自然数の比であらわせる「有理数」が発見されました。やがて，有理数ではあらわせない数が発見されました。$\sqrt{2}=1.41$……や円周率 $\pi=3.14$……などの「無理数」です。さらにゼロや負の数も数の仲間に含め，有理数と無理数を合わせた数全体のことを「実数」としました。これで，数直線はすべて数で埋めつくされたことになります。

ところが，人類は数直線の外にある数まで発見してしまいました。それが「虚数」です。常識はずれの数が，埋めつくされたはずの数直線を含む平面に広がっていたのです。そして，実数と虚数を足した数が「複素数」です。ガウスは1799年に，「複素数の範囲なら，あらゆる次数の方程式に解がみつかる」ことを証明しました（代数の基本定理）。**複素数は，人類がついにたどりついた，数の拡張の終着駅だったのです。**

人類は数の世界を拡張させてきた

数の拡張を5段階で示しました。自然数，有理数につづいて無理数が，さらにゼロや負の数が加わり，実数ができあがりました。そして（純）虚数が発見されました。実数と虚数を合わせた数である複素数が発見され，数の拡張は完成しました。

虚数

$$i,\ \sqrt{2}\,i,\ -3i$$

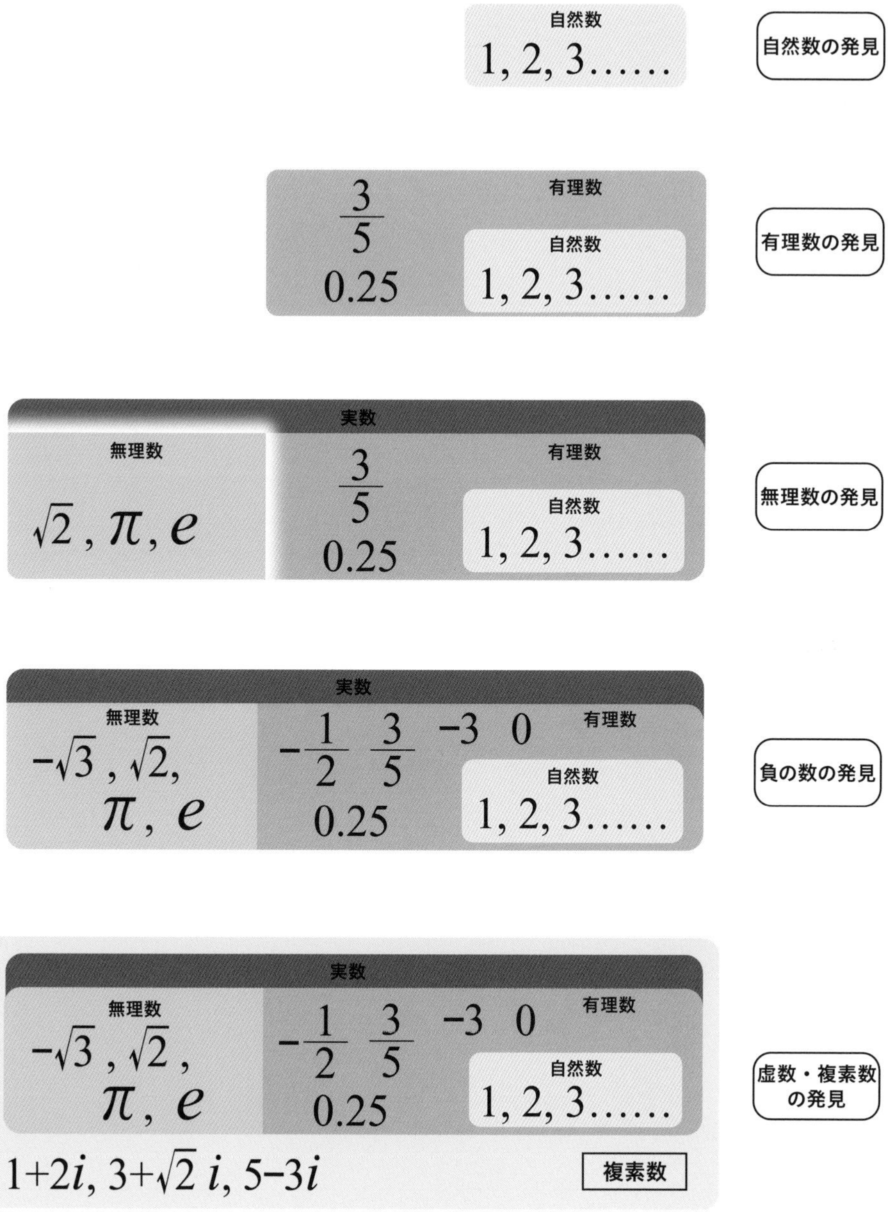

自然数
1, 2, 3……
自然数の発見
有理数
$\frac{3}{5}$
0.25
自然数
1, 2, 3……
有理数の発見
実数
無理数
$\sqrt{2}$, π, e
有理数
$\frac{3}{5}$
0.25
自然数
1, 2, 3……
無理数の発見
実数
無理数
$-\sqrt{3}$, $\sqrt{2}$, π, e
有理数
$-\frac{1}{2}$ $\frac{3}{5}$ -3 0
0.25
自然数
1, 2, 3……
負の数の発見
実数
無理数
$-\sqrt{3}$, $\sqrt{2}$, π, e
有理数
$-\frac{1}{2}$ $\frac{3}{5}$ -3 0
0.25
自然数
1, 2, 3……
$1+2i$, $3+\sqrt{2}\,i$, $5-3i$
複素数
虚数・複素数の発見

複素数の足し算と引き算

足し算や引き算は「矢印のつぎ足し」

実数の足し算　(＋2)＋(−4)　を図にえがくと……

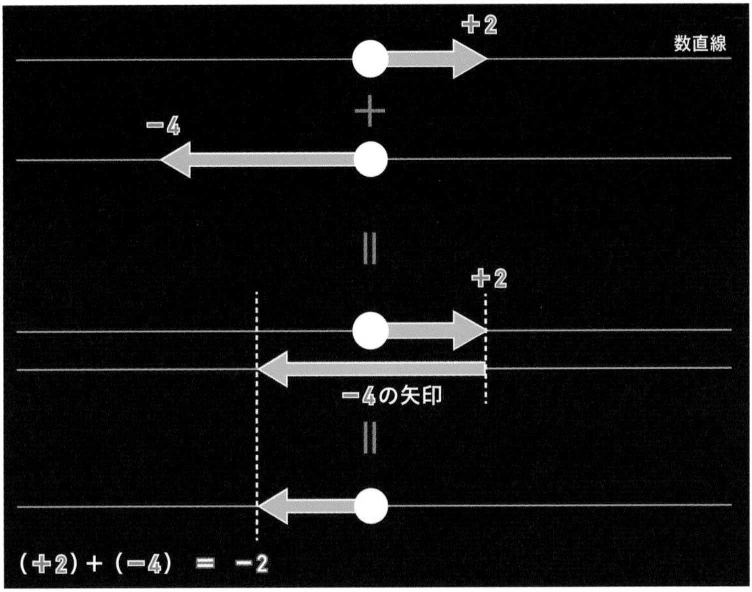

実数の足し算と複素数の足し算・引き算

上は，実数の足し算を数直線であらわしました。右は，複素数の足し算と引き算を，複素平面であらわしたものです。どちらも二つの矢印をつぎ足すことで，足し算・引き算の答えが得られます。

実数の足し算は，「数直線上の二つの矢印をつぎ足す操作」と考えることができます。たとえば（＋2）＋（−4）は，「＋2の矢印」の終点に「−4の矢印」をつぎ足すのです（左ページの図）。

複素数の足し算も同じように考えられます。**ただし，数直線上の矢印ではなく，複素平面上の矢印をつぎ足します**。たとえば，$(1+4i)+(3+i)$という足し算は，「$1+4i$の矢印」の終点に「$3+i$の矢印」を平行移動させてつぎ足します（下の図，上）。できた矢印の先をみると，その答えは「$4+5i$」とわかります。

引き算の場合はこうです。$1+4i$から$3+i$を引くとき，まず「$-(3+i)$をあらわす矢印」を考えます。**それは，「$3+i$をあらわす矢印」の向きを逆にした矢印です。**

そして，その矢印を「$1+4i$をあらわす矢印」の終点に平行移動させてつぎ足します（下の図，下）。その終点「$-2+3i$」が引き算の答えです。

複素数の足し算（$1+4i$）＋（$3+i$）を図にえがくと……

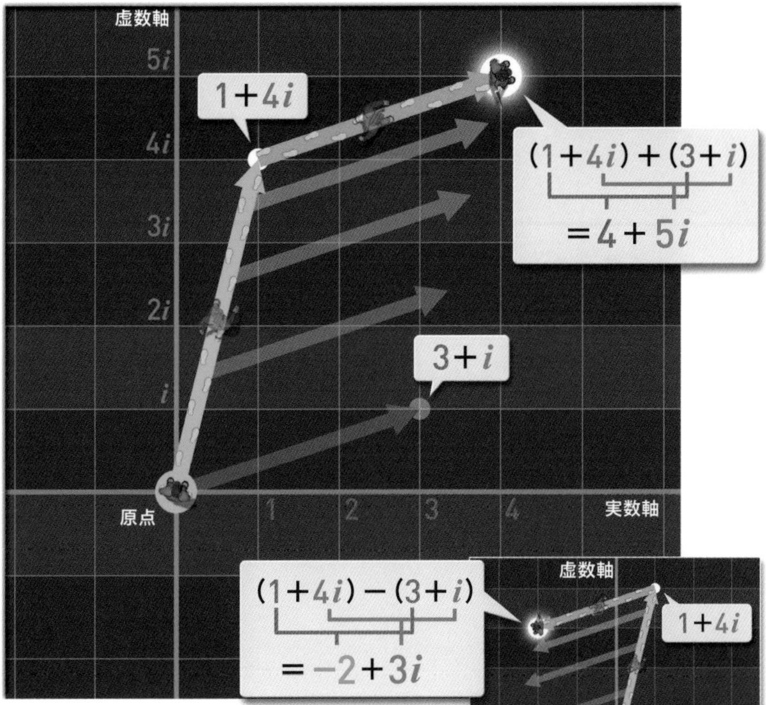

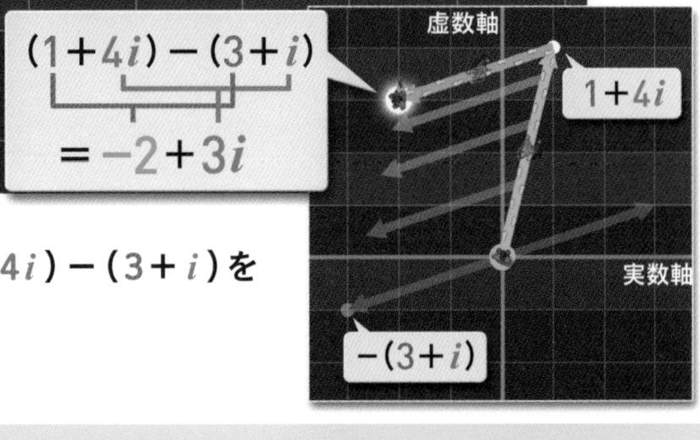

複素数の引き算（$1+4i$）−（$3+i$）を図にえがくと……

マイナス×マイナスがプラスになる理由

−1のかけ算は，180°の回転

マイナス×マイナスは，なぜプラスになるのでしょうか。ここでも矢印を使って考えてみましょう。ゼロを原点として＋1を右向きの長さ1の矢印であらわすと，−1は＋1と反対である左向きの長さ1の矢印であらわすことができます。

この矢印の考え方を使うと，マイナスのかけ算が非常にわかりやすくなります。たとえば，＋1×(−1)＝−1を考えてみましょう。これは，右向きの矢印が180°向きを変えて左向きの矢印になったととらえることができます。

また，−1×(−1)＝1では，左向きの矢印が180°向きを変えて右向きの矢印になったととらえられます。**つまり，「−1をかけ算すること」は，もとの数をあらわす矢印の向きを180°回転させることに相当するのです。**

実はこのような考え方は，「2乗するとマイナスになる数」である虚数を理解するヒントになっています。

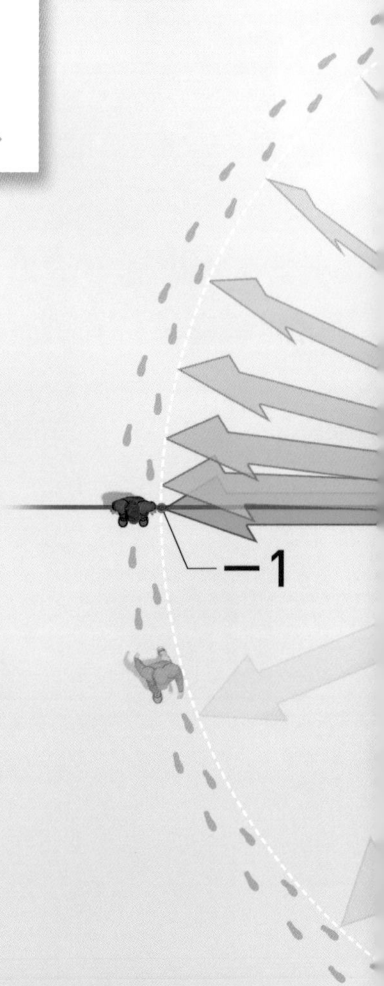

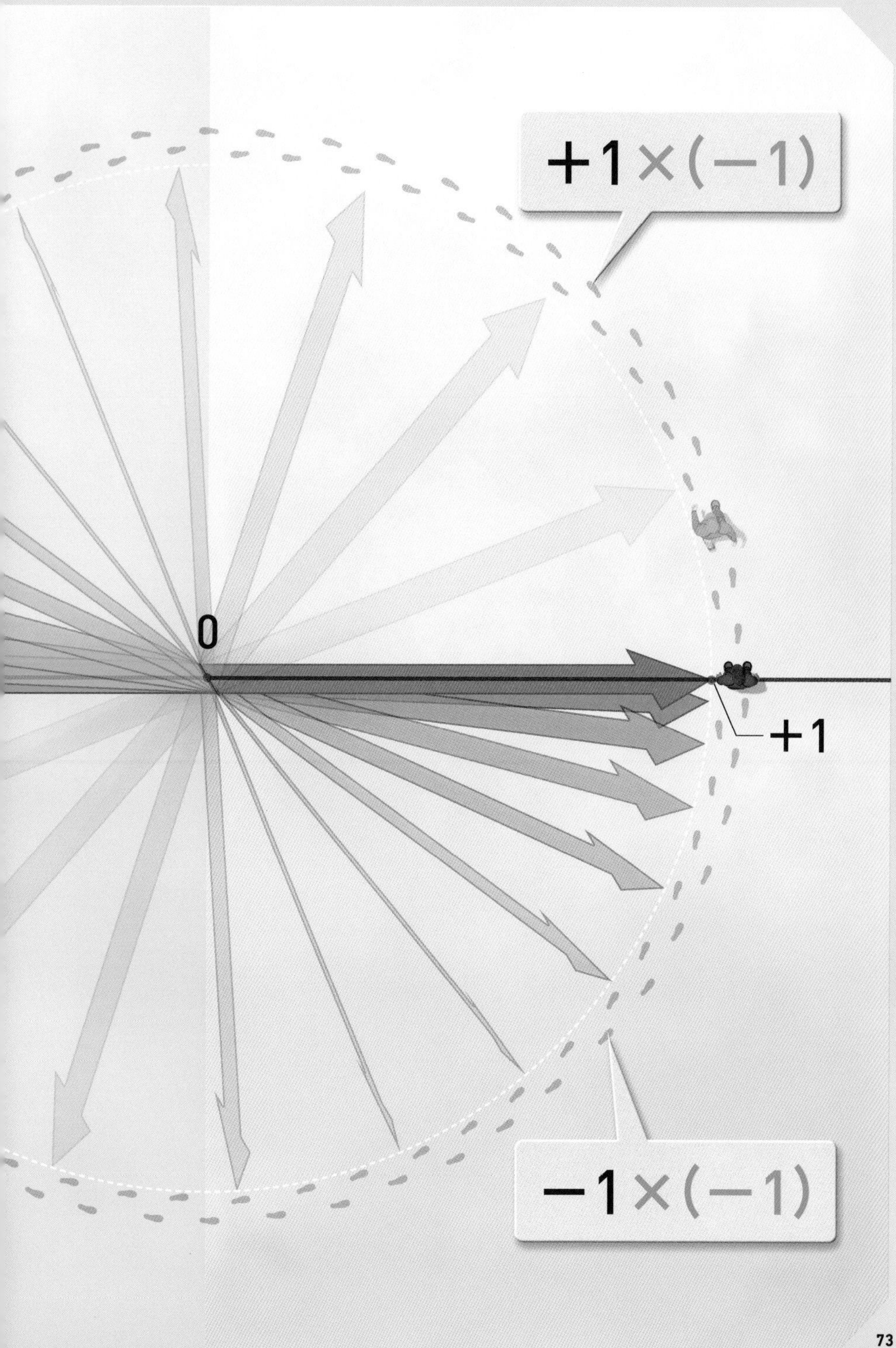
+1×(−1)
0
+1
−1×(−1)

iを4回かけると，1周して1にもどる

虚数単位iのかけ算は，反時計まわりの90°回転

iを4回かけると1になる（1 ～ 4）

1. 1にiをかけると，
90°回転してiになります。

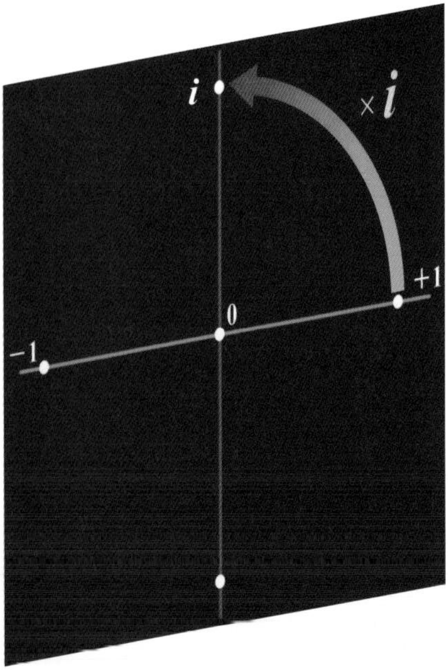

2. 1にiを2回かけると，
180°回転して−1になります。

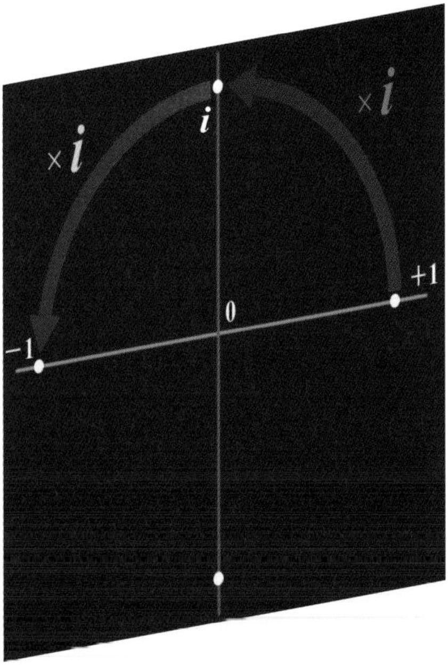

iとは「2乗して−1になる数」のことでした。−1は2回かければ1にもどりますが，**iは4回かけてようやく1にもどってきます**（i^4＝1）。つまり，矢印の回転で考えると，1回のiのかけ算は360°の4等分，すなわち90°の回転に対応するはずです。

複素平面で確認してみましょう。＋1にiをかけると，原点を中心に90°回転してiになるとします。すると，1にiを2回かけると180°回転して−1になります。1にiを3回かけると270°回転して−iになり，4回かけると1周して確かに1にもどってきます（図**1**～**4**）。

すなわち，虚数単位iのかけ算とは，複素平面上で数を「反時計まわりに90°回転させる」ことであるといえます。その逆に，−iのかけ算は，「時計まわりの90°回転」になります。

3. 1にiを3回かけると，
270°回転して−iになります。

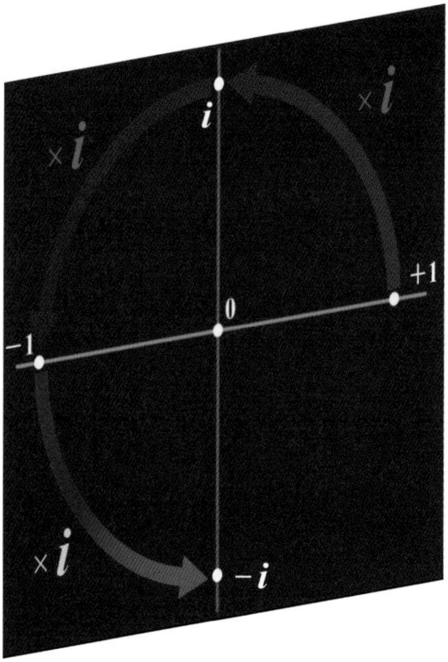

4. 1にiを4回かけると，
360°回転して1にもどります。

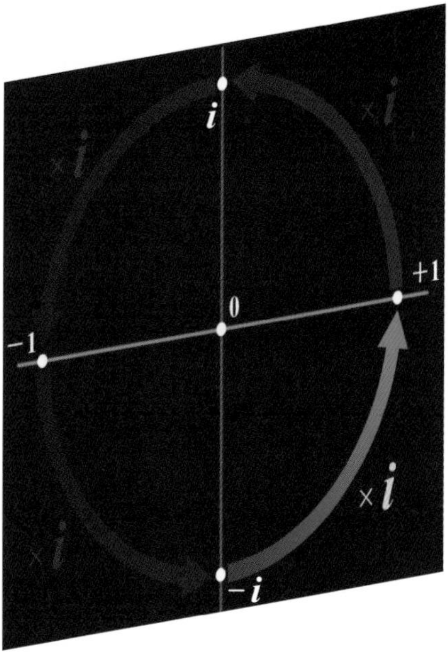

Column

コーヒーブレーク

青年ガウスをとりこにした魔法の数式

古代ギリシャでは，「コンパスと目盛りのない定規だけを使って正多角形を作図する」という研究が熱心に行われていました。彼らは「作図できる正多角形のうち頂点の数が素数（1と自分自身以外に約数をもたない数）であるものは，正三角形と正五角形の2種類だけである」と結論づけました。この考えは，18世紀に入るまで，実に2000年以上にわたり信じつづけられてきました。

この長年の常識をくつがえした人物こそが，18歳の青年ガウスだったのです。その証明にガウスが用いたのが，複素平面の考え方でした。重要になるのが，「複素平面上における i のかけ算は，原点を中心に90°回転させる操作に相当する」ということです（74～75ページ）。

1に i を4回かけると，1→ i →−1→− i →1となり，もとの1にもどります。この四つの点を，複素平面上で順番に結ぶと正方形になります。そして，1，i，−1，− i という四つの数は，いずれも「1の4乗根（4乗すると1になる数）」になる性質があります。実はこの性質は，すべての正 n 角形について当てはまります。右の図のように，複素平面上に，原点を中心にもち，頂点の一つを1とする正 n 角形をえがくと，その各頂点に対応する複素数は1の n 乗根（n 乗すると1になる数）に一致します。

ガウスはこの性質を利用することで，正17角形がコンパスと目盛りのない定規だけで作図できることを証明してみせました。つまりガウスは少なくとも18歳だった1796年までには，複素平面というアイデアを思いついていたと推測できるわけです。

さらにガウスは1797年に，同様の方法で正257角形，さらには正6万5537角形についても，コンパスと目盛りのない定規だけで作図できることを証明しています。この発見は，ガウスが数学者の道に進むことを決心するきっかけとして知られています。

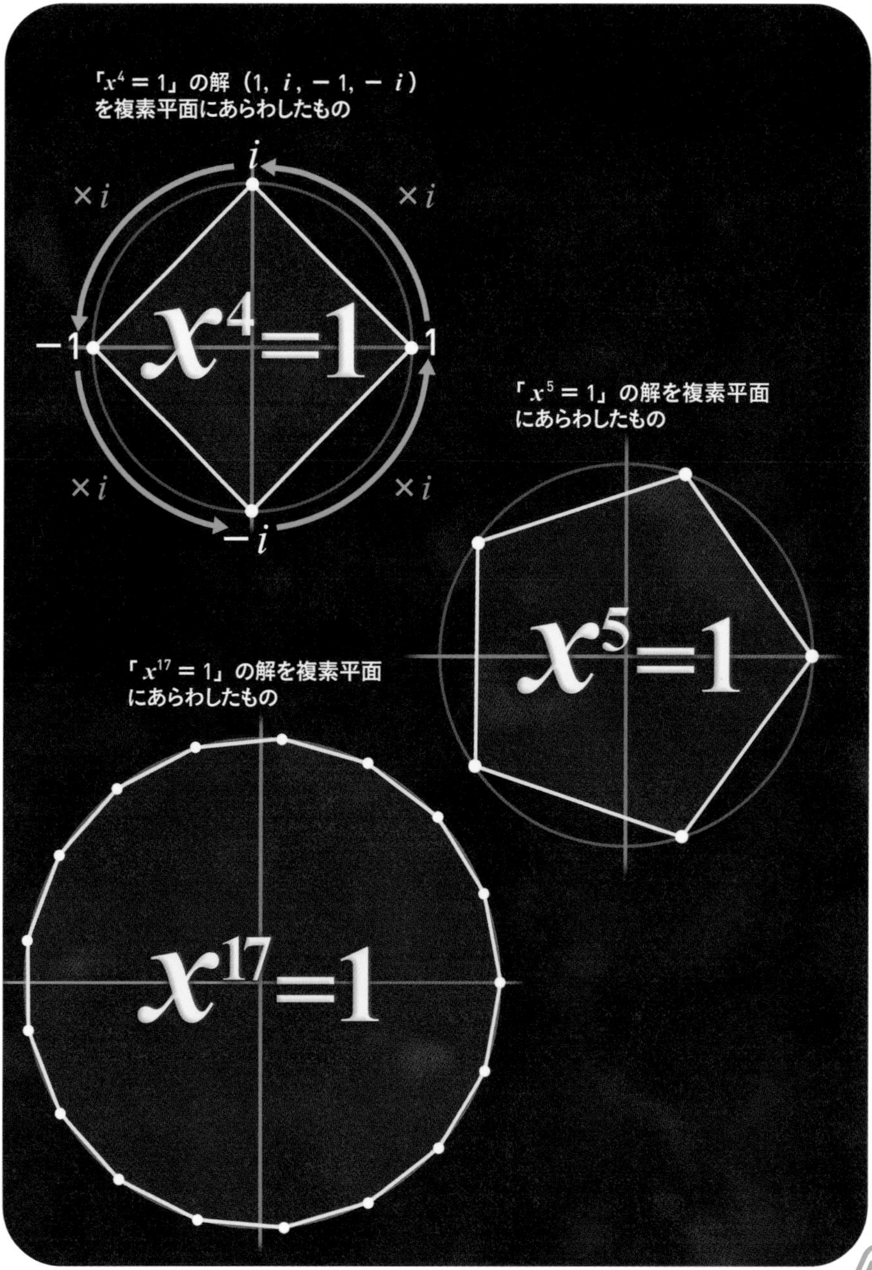
「x^4＝1」の解（1, i, −1, −i）
を複素平面にあらわしたもの
i
×i
×i
−1
1
$x^4=1$
×i
×i
−i
「x^5＝1」の解を複素平面
にあらわしたもの
$x^5=1$
「x^{17}＝1」の解を複素平面
にあらわしたもの
$x^{17}=1$

複素数のかけ算は『回転・拡大』

もとの数とかけ算の答えをくらべてみると？

虚数単位 i のかけ算の意味を理解したところで，次は，実数と虚数を合わせた複素数のかけ算について考えてみましょう。

まずは，実数のかけ算を数直線上でながめてみます。（＋2）×（－3）では，＋2を示す数直線上の矢印の長さを3倍に拡大し，さらにマイナスがあるので矢印を180°回転させることに相当します（右上の図）。

これを踏まえて，複素数のかけ算をみてみましょう。1＋ i に1＋4 i をかける場合を考えます。これは次のような計算になります。

$$
\begin{aligned}
&(1+i)\times(1+4i)\\
&=1\times(1+4i)+i\times(1+4i)\\
&=1+4i+i-4\\
&=-3+5i
\end{aligned}
$$

このかけ算を，複素平面上で考えると右下の図のようになります。1＋ i は，小さな正方形（1辺の長さが1）の一つの頂点になっています。そして，これに1＋4 i をかけ算した答えである－3＋5 i は，もとの正方形を原点を中心にして回転・拡大した大きな正方形（1辺の長さが1＋4 i の絶対値）の一つの頂点になっています。

実は，複素数 $a+bi$ をかけるかけ算は，複素平面上で回転・拡大させることに対応しています。回転の角度は，複素数 $a+bi$ の偏角（67ページ）に一致します。また，拡大の度合い（拡大率）は，複素数 $a+bi$ の絶対値（66～67ページ）に一致します。絶対値が1より大きければ拡大し，1より小さければ縮小します。

複素数のかけ算を，複素平面でながめてみると？

右のイラストは，複素数1＋4 i をかけるかけ算を複素平面上であらわしたものです。小さな羊がえがかれた正方形上（1辺の長さが1）にあるどの点（複素数）も，1＋4 i をかけると，その答えは大きな羊がえがかれた正方形上の，対応する点へと回転・拡大されます。

実数のかけ算を図にえがくと……

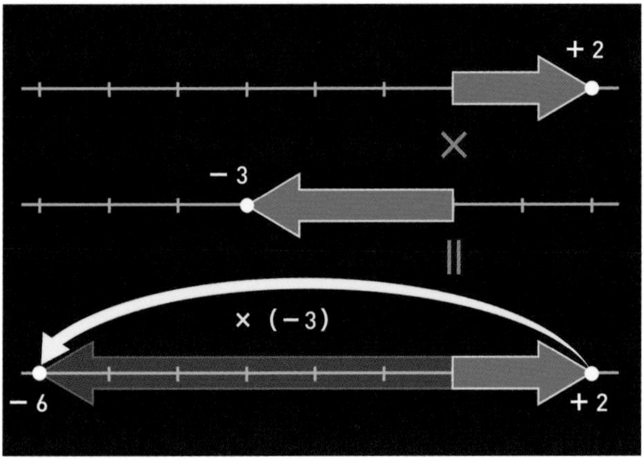

$(+2) \times (-3) = -6$

複素数のかけ算を図にえがくと……

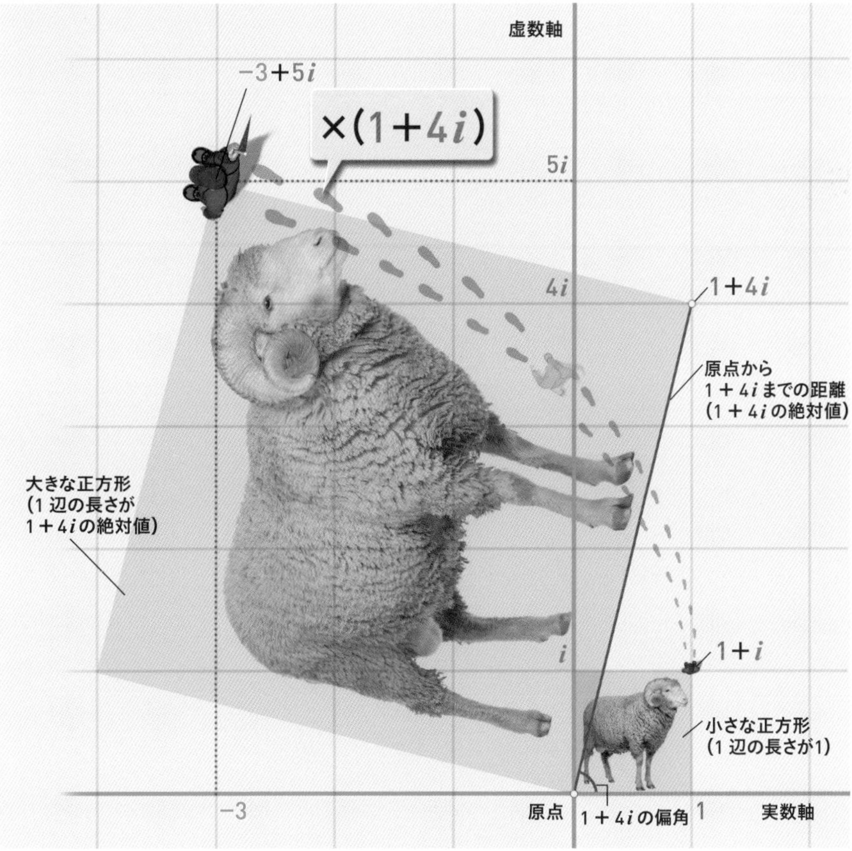

新たに生まれた数「複素数」

虚数の大きさは比較できるのか

虚数の大小関係は決められない

実数の場合

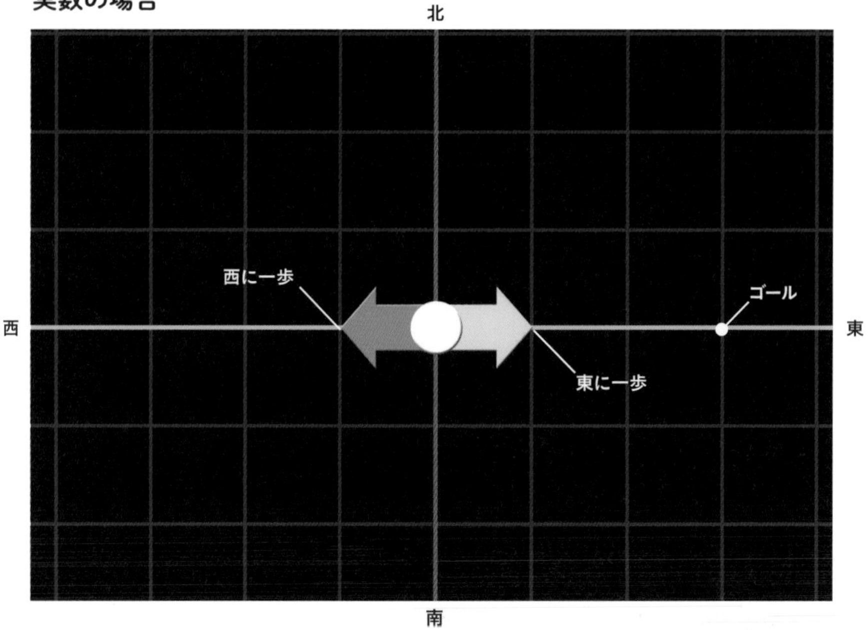

東にゴールがあるとき，「東に向かって1歩進む」のと，「東に向かって－1歩進む（＝西に向かって1歩進む）」のとでは，どちらが有利でしょうか？　当然，前者のほうが有利に決まっています。こう考えれば，「＋1のほうが－1よりも大きい」と決めることができます。

実数では，10は2より大きいとか，－3は$\frac{1}{2}$より小さいなどのように，その大きさを比較することができます。**では，実数と同じように虚数の大きさも比較することはできるのでしょうか。**

実数の場合は，数直線の右にある数ほど大きな数になります。しかし，虚数の場合は，虚数軸の上のほうにある数ほど大きな数である，などのようにはいえません。実は，すべての複素数の間でなりたつような，一般的な大小関係を定めることは不可能であることが証明されています。**つまり，虚数はその大小を比較することができないのです。**

状況によっては，複素数の絶対値の大きさ（66ページ）や，実数部分（あるいは虚数部分）の大きさを比較する場合もありますが，それは一般的な大小関係とはいえないのです。

虚数の場合

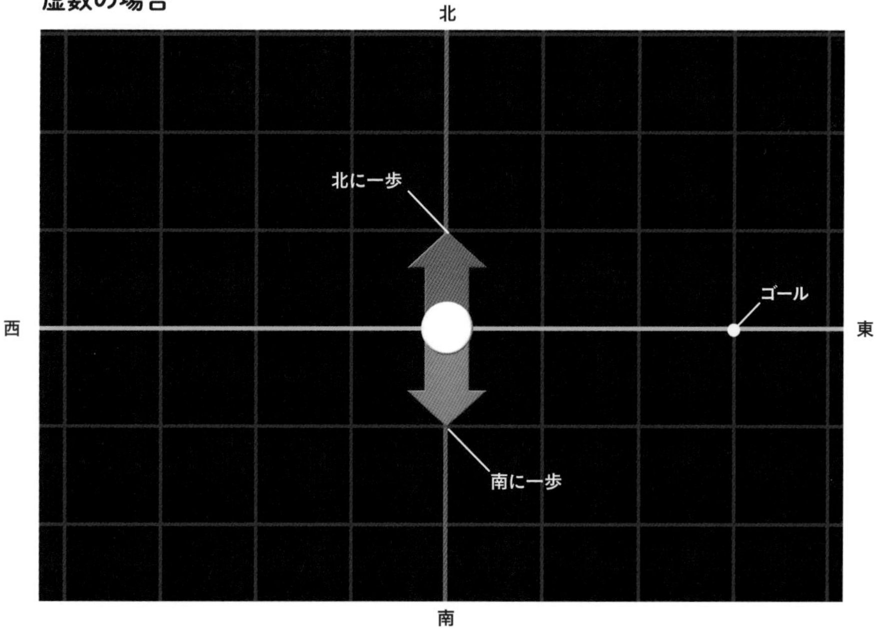

それでは，東にゴールがあるとき，「東に向かってi歩進む（＝北に向かって1歩進む）」のと，「東に向かって$-i$歩進む（＝南に向かって1歩進む）」のとでは，どちらが有利でしょうか？　どちらが有利とも不利ともいえず，くらべようがありません。こう考えると，「iと$-i$の大小を決めることはできない」ということがわかります。

新たに生まれた数「複素数」

宝は島のどこに埋まっている？

複素平面で解く「ガモフの問題」に挑戦！

ここで，複素数の計算を使って解く，ユニークな「宝さがし」の問題に挑戦してみましょう。

《ガモフの問題》 **※解答は84～85ページ**

無人島に宝が埋まっている。その宝のありかを示した紙片には，こう書いてある。

「島には，裏切り者を処刑するための絞首台と，1本の樫《かし》の木，そして1本の松の木がある。まず，絞首台の前に立ち，樫の木に向かって歩数を数えながらまっすぐ歩け。樫の木にぶつかったら，直角に右へと曲がり，同じ歩数だけ歩いたらそこに第一の杭《くい》を打て。絞首台にもどり，今度は松の木に向かって歩数を数えながらまっすぐ歩け。松の木にぶつかったら，直角に左へ曲がり，同じ歩数だけ歩いたらそこに第二の杭を打て。宝は，第一の杭と第二の杭の中間点に埋めてある」。

紙片を手にした若者が島へ行くと，絞首台が朽ちてなくなっていた。**だが虚数を使えば，絞首台の場所がわからなくても，宝のありかをみつけられるはずだ**。宝は，どこだろうか？

ジョージ・ガモフ
（1904～1968）

ビッグバン宇宙論の創始者の一人として知られる物理学者，ジョージ・ガモフが，著書『1、2、3…無限大』（白揚社）の中で取りあげた問題です（言葉づかいなどを一部あらためています）。

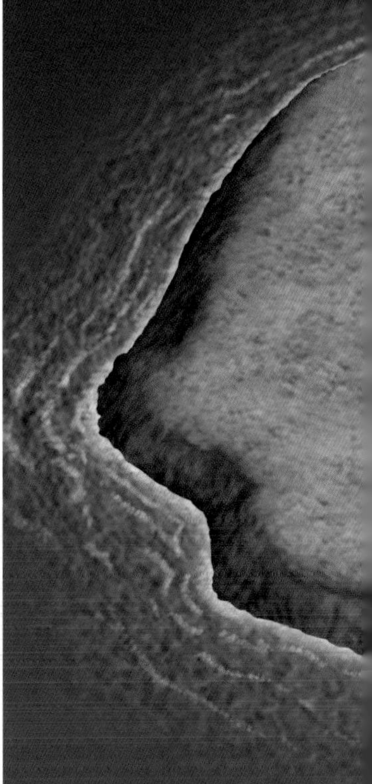

ヒント

松の木の位置が「実数の1」，樫の木の位置が「実数の－1」となるような複素平面を考えましょう。そして，絞首台の場所を示す複素数をSと仮定しましょう。そのうえで，宝のありかを示す複素数を，計算で求めることをめざしましょう。

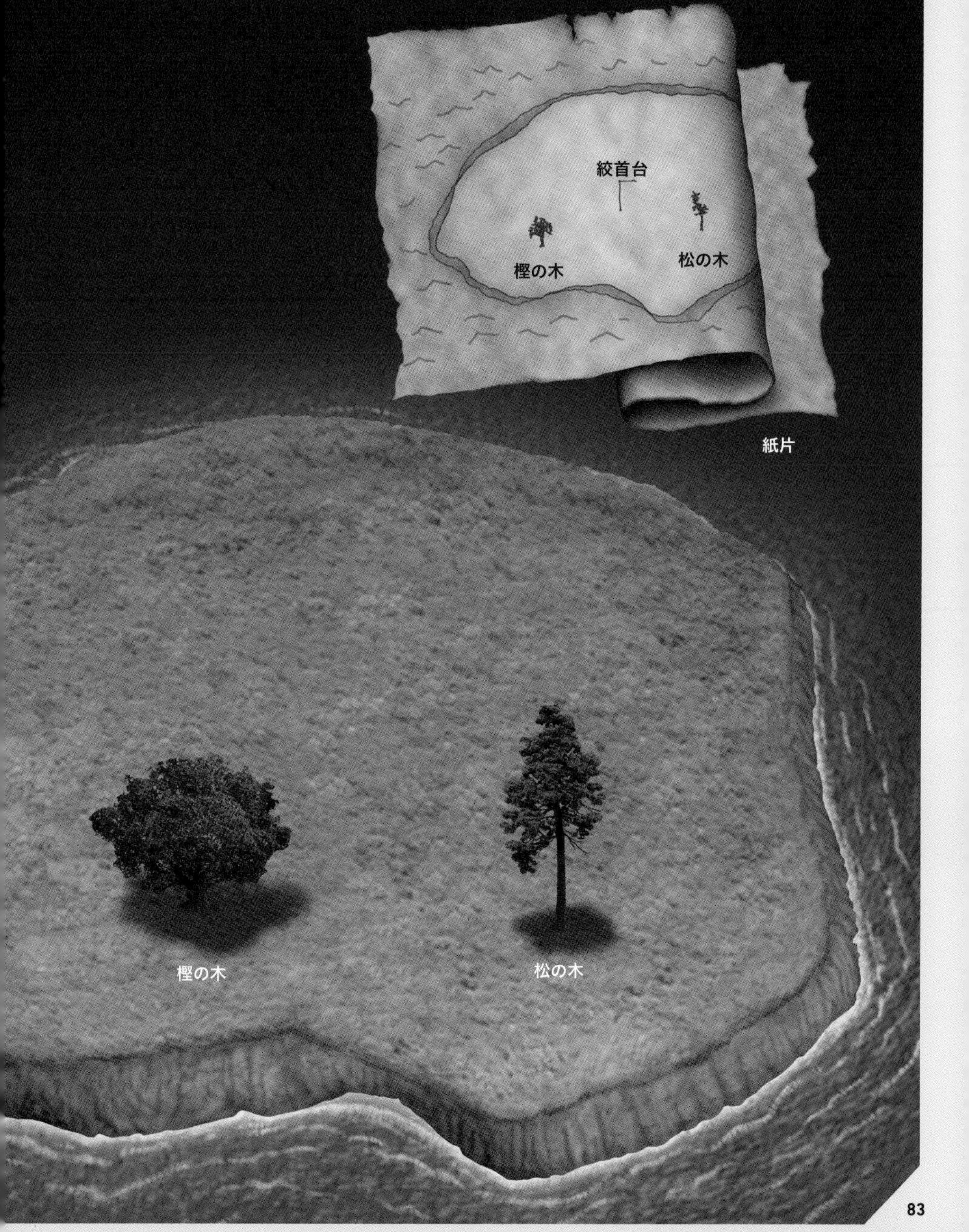

解答編：宝は島のどこに埋まっている？

虚数単位 i のかけ算が，90°の回転に相当することを利用する

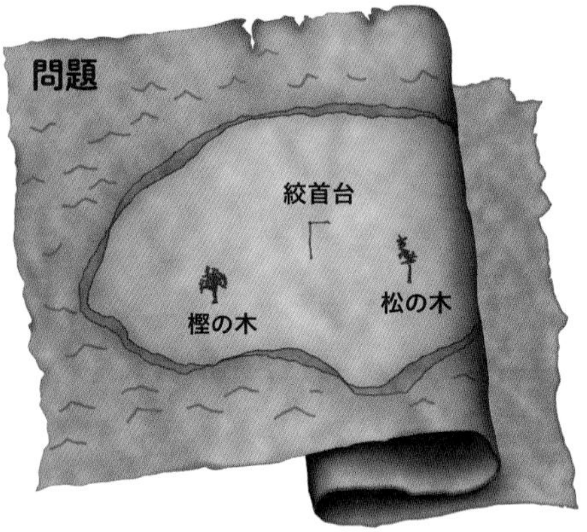

この問題は，複素平面や虚数を使わなくても，通常の実数の x y 平面を使って解くことも可能です。しかしガモフは，この問題にある「90度の方向転換」という操作を，「虚数 i（あるいは $-i$）のかけ算」に置きかえて解くという方法を紹介しました。虚数 i のかけ算が，「複素平面上の90度の回転」に対応しているということを印象づけようとしたのでしょう。

《準備》 複素平面を設定しよう

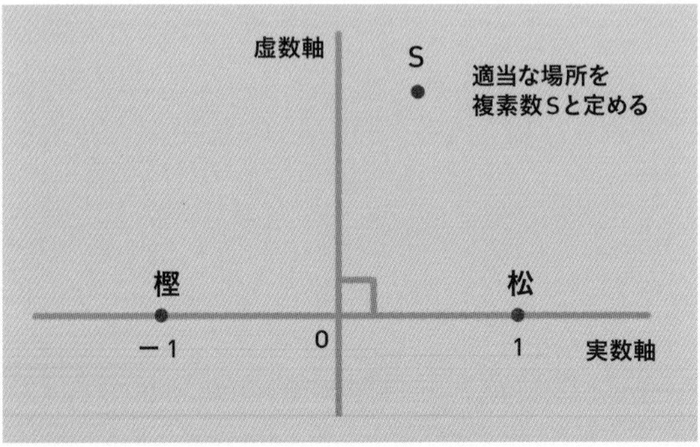

次の手順で，問題を解く舞台となる複素平面を設定します。

① 樫の木と松の木の両方を通る直線を引き，これを実数軸とします。

② 樫の木と松の木の中間点を，複素平面の原点とします。

③ 松の木の位置を実数の1，樫の木の位置を実数の−1とします。

④ 原点を通り，実数軸に垂直な直線を引いて，これを虚数軸とします。

⑤ 絞首台の位置は不明ですが，ひとまず複素数Sとして，適当な位置に置きます。

《解き方1》 杭の位置にある複素数を文字式であらわそう

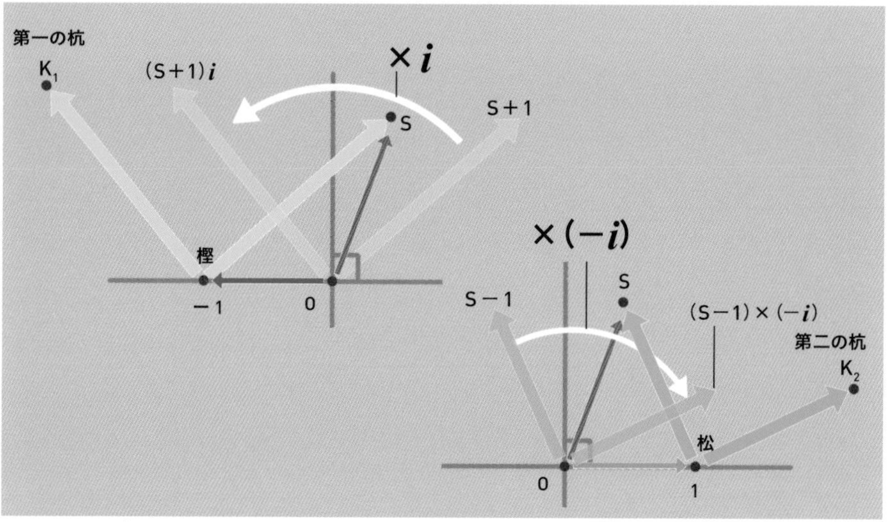

第一の杭を複素数K_1，第二の杭を複素数K_2であらわすことにします。

①「樫の木からK_1へ向かう矢印」は，「Sから樫の木に向かう矢印（$-1-S$)」を時計まわりに90°回転させたものに等しいので，$(-1-S)\times(-i)$ と書けます。したがって，

$$K_1=-1+(-1-S)\times(-i)=-1+i+iS$$

とあらわせます。

②「松の木からK_2へ向かう矢印」は，「Sから松の木に向かう矢印（$1-S$)」を反時計まわりに90°回転させたものなので，$(1-S)\times i$ と書けます。したがって，

$$K_2=1+(1-S)\times i=1+i-iS$$

となります。

《解き方2》 宝のありかをあらわす複素数を求めよう

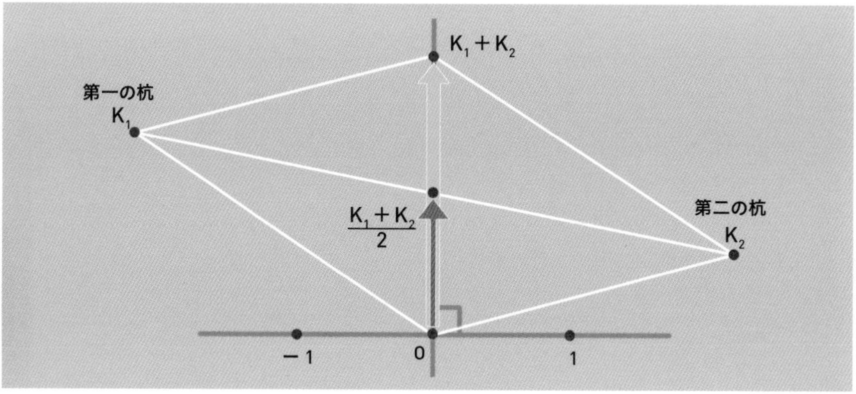

宝のある「第一の杭と第二の杭の中間点」は，$(K_1+K_2)\div2$であらわせます。上で求めた値を使って計算すると，$(K_1+K_2)\div2=2i\div2=i$ となります。つまり，虚数単位 i の位置が宝のありかです。Sは計算の最後で消えるので，絞首台の位置を知る必要はありません。若者は，どこでもよいから，今立っている場所から紙片の指示どおりに歩けばよかったのです。

『極座標表示』で位置をあらわそう

距離と角度で座表面上のある1点を示す方法

砂漠に秘密の宝箱を埋めました。埋め終わると風が砂を運んできて，土を掘った跡はたちまちかき消されてしまいました。その場所を仲間に伝える方法を考えてみましょう。

砂漠のど真ん中にはなぜか大きなヤシの木が1本立っていて，それだけが目印になります。あなたの仲間は正確に方角を測ることができるコンパスと，正確に長さをはかることができる長いロープをもっているとします。

一つの方法としては，「ヤシの木を出発点にして，東にxメートル，北にyメートル進んだところ」という伝え方があります。**これは，「横方向の移動距離」と「縦方向の移動距離」という二つの数値を使って位置を指定する方法です**。座標でいえば，「直交座標（デカルト座標）表示」という考え方です（**1**）。

場所を指定する方法は，もう一つ考えられます。それは「ヤシの木を出発点にして，真東から反時計まわりにθ度回転した方向に向かって，まっすぐrメートル進んだところ」という伝え方です。**これは，「進行方向」と「直進する移動距離」という二つの数値を使って位置を指定する方法です**。この方法は，「極座標表示」という考え方です。

極座標表示では，原点Oと始線（原点を通る半直線。普通はx軸の正の方向と一致させる）を定め，ある点Pの座標を「原点Oからの距離 r 」と「線分OPが始線となす角度θ 」とであらわします（**2**）。点Pの極座標はP（r, θ）と書きます。原点Oを「極」，rをOPの「絶対値」，θを「偏角」（argument）といいます。

1. 直交座標（デカルト座標）表示

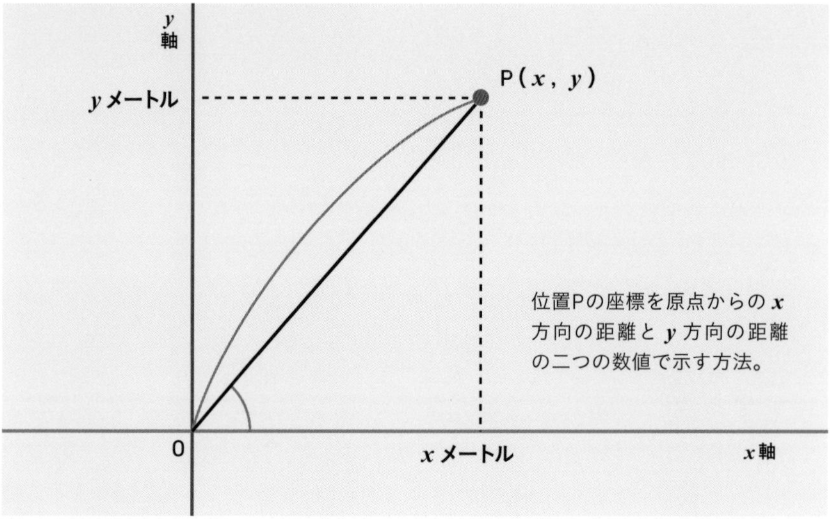

2. 極座標表示

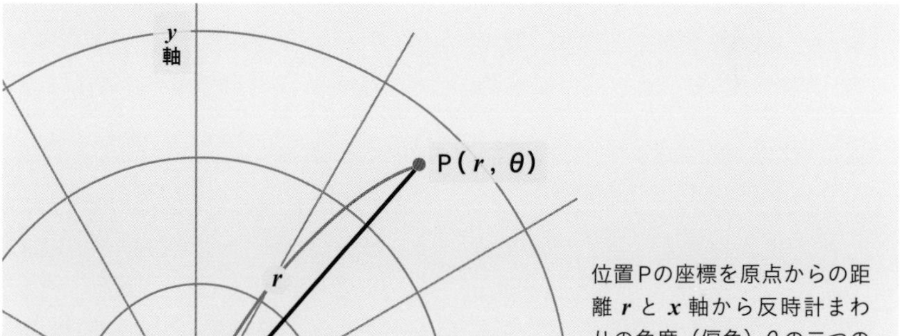

『極形式』はこんなに便利

複素数どうしのかけ算や割り算を比較的簡単に行える

三角関数（122～123ページ）を使うと，極座標を直交座標に変換することができます。極座標が（r，θ）である点Pの直交座標は（$r\cos\theta$，$r\sin\theta$）となります。この関係から，絶対値がr，実数軸となす角（偏角）がθの複素数zは，「$z=r\cos\theta+ir\sin\theta$」とあらわすことができます。このような複素数の表示方法を「極形式」といいます（1）。偏角は通常，角度の単位として360°を2πとする「ラジアン」（120～121ページ）を用います。

極形式の利点は，ときに面倒な「複素数どうしのかけ算・割り算」を，より容易なものにすることができる点にあります。

たとえば，二つの複素数AとBのかけ算をしたいとしましょう。A，Bそれぞれの絶対値と偏角がわかっているなら，$A\times B$の絶対値は，（Aの絶対値）×（Bの絶対値）となります。絶対値は実数なので，絶対値どうしのかけ算は簡単に行えます。また，$A\times B$の偏角は，（Aの偏角）＋（Bの偏角）となります。こちらも簡単に計算できます。**つまり，複素数どうしのかけ算は，「絶対値どうしのかけ算」と「角度の足し算」の組み合わせですむことになるのです**（3）。

ところで，複素数zの偏角は$\arg z$としるします。偏角は，0°～360°の範囲だけでなく，さらに大きな角度の値やマイナスの値を使ってもいいことになっています。したがって，偏角は2π（＝360°）の整数倍の「不定性」をもっています。

たとえば，右の2のように，$z=-\frac{1}{2}+\frac{\sqrt{3}}{2}i$の偏角$\arg z$は，$\frac{2}{3}\pi$（＝120°），$\frac{8}{3}\pi$（＝480°），$-\frac{4}{3}\pi$（＝−240°）などが許されます。このことが，ときとして複素数を使った議論を複雑にもします。

1. 複素数の極形式

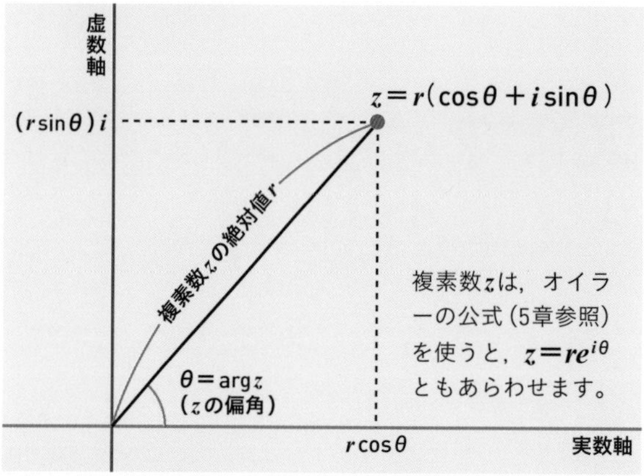

2. 偏角の不定性

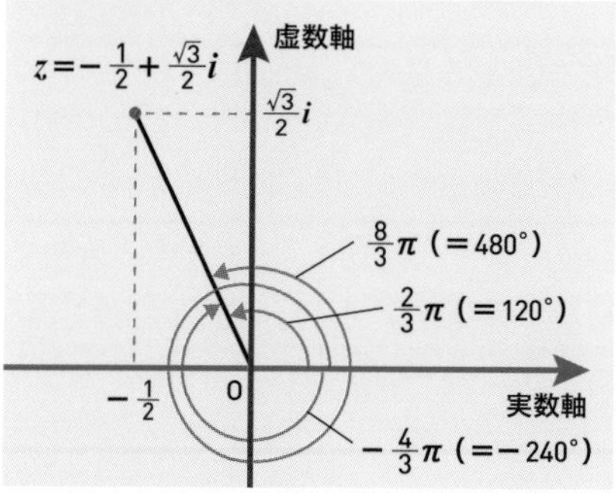

$z=-\frac{1}{2}+\frac{\sqrt{3}}{2}i$のとき，$\arg z$は，$\frac{2}{3}\pi$，$\frac{8}{3}\pi$，$-\frac{4}{3}\pi$などが許されます。一般に，複素数$z$の一つの偏角が$\theta$のとき，$\arg z$は以下のようになります。
$\arg z=\theta+2n\pi$（nは整数）

3. 複素数のかけ算

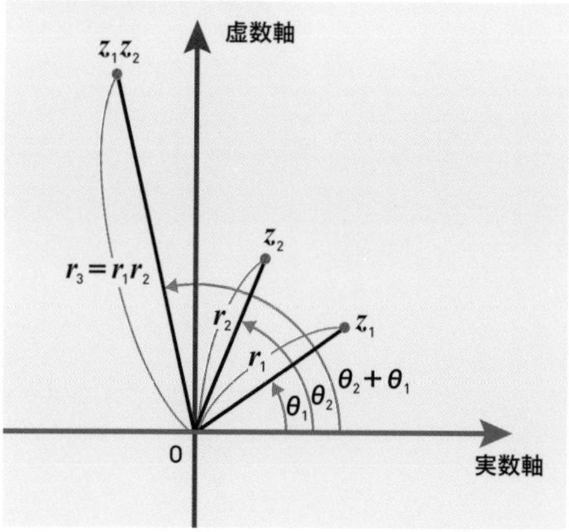

4. 複素数の割り算

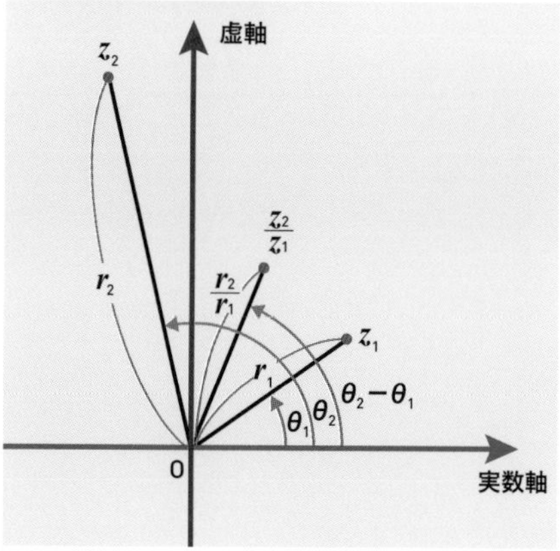

$z_1=r_1(\cos\theta_1+i\sin\theta_1)$，$z_2=r_2(\cos\theta_2+i\sin\theta_2)$ とすると，

$z_1z_2=r_1r_2\{\cos(\theta_1+\theta_2)+i\sin(\theta_1+\theta_2)\}$　　$\frac{z_2}{z_1}=\frac{r_2}{r_1}\{\cos(\theta_1-\theta_2)+i\sin(\theta_1-\theta_2)\}$

※これらの関係は，三角関数の「加法定理」を使ってみちびくことができます。

Column

コーヒーブレーク

「マイナス×マイナス＝マイナス」の世界

マイナス×マイナスは，なぜプラスなのでしょうか？ マイナス×マイナスがもしマイナスであれば，「マイナスの数の平方根」はただのマイナスの数となり，虚数の出番はありません。

実は，「マイナス×マイナスはマイナスである」という数学の世界をつくることも不可能ではありません。しかし，そこで行われる計算は非常に複雑になってしまいます。たとえば，次の一次方程式を解く問題を考えてみましょう。

－2x ＝ x －3……①

普通に考えれば，左辺の－2x を右辺に移項し，右辺の－3を左辺に移項すれば，3＝3x となり，x ＝1と求まります。

ではここで，「マイナス×マイナスはマイナス」であるとしてみましょう。方程式①の x に－3を代入してみます。すると，

①の左辺＝(－2)×(－3)＝－6

①の右辺＝－3－3＝－6

となって，x ＝－3がこの方程式の解であることがわかります。

ところが，もとの方程式の左辺の－2x を移項して，方程式の形を「0＝2x ＋ x －3 ……②」としたあとに，x に－3を代入してみましょう。すると，

②の右辺

＝2×(－3)＋(－3)－3

＝－6－3－3＝－12

≠②の左辺

となって，たった1回の移項をしただけで，もはや②の等号はなりたたなくなってしまいます。**つまり，「マイナス×マイナスはマイナス」というルールのもとでは，普通の移項をしてはいけないということになり，複雑な移項のしくみを新たに導入しなければ，簡単な1次方程式にすら，正しい答えを求めることはできなくなるというわけです。**

同じような例は，ほかにもいろいろとあげることができます。こうした例をみていくと，「マイナス×マイナスはプラス」というルールが，いかに数学をシンプルなものにしているかがわかります。

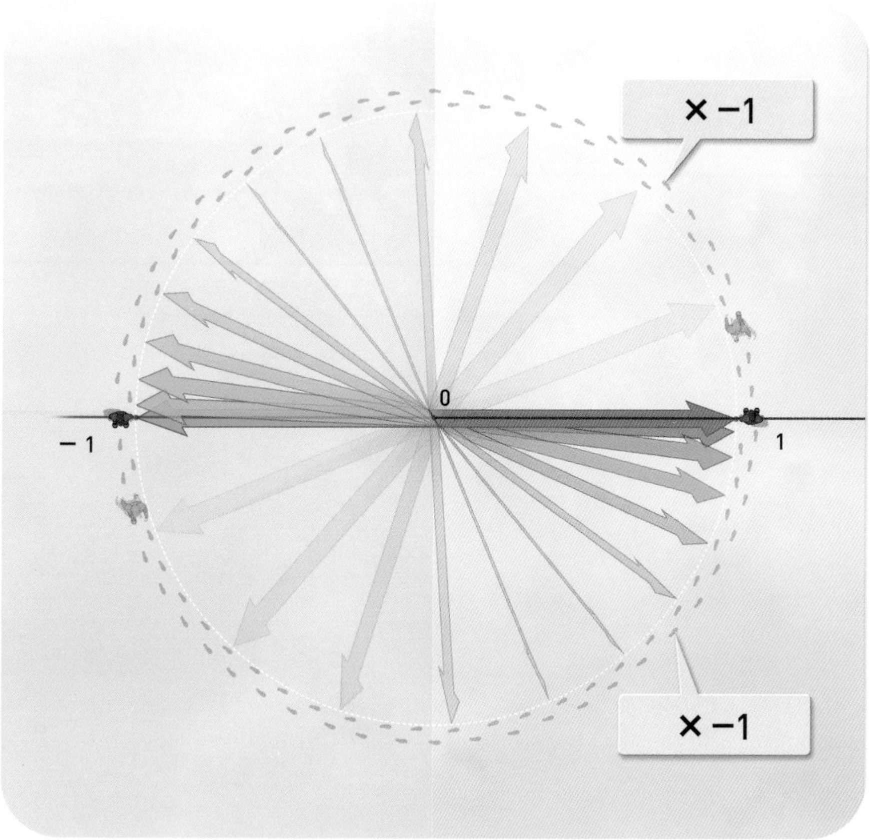
× −1
0
− 1
1
× −1

4

虚数がなくては物理学もなりたたない

「虚」とついただけでむずかしそうで敬遠してしまうかもしれませんが，虚数は，私たちの日常生活の身近なところでも活用されています。また，量子力学や宇宙誕生の謎を解き明かすうえでも，虚数の存在は不可欠です。虚数とは物理学にとっても重要な数なのです。

NASA

虚数がなくては物理学もなりたたない

体脂肪の計測でも虚数が使われている

電気工学でも虚数は活用されている

電気には，直流と交流があります。直流とは，一方向に流れる電流のことで，向きと大きさは一定です。一方，交流とは，向きと大きさが時間とともに周期的に変化する電流のことです。

電気に関する有名な法則の一つに，「オームの法則」があります。これは，直流回路における電流と電圧の関係を示したもので，「V（電圧）＝R（抵抗）×I（電流）」という数式であらわされます。簡単にいえば，「電流の大きさは，電圧が大きくなるほど大きくなり，抵抗が大きくなるほど小さくなる」ことを意味します。

交流回路では，回路内のコイルやコンデンサーのはたらきにより電圧と電流の位相（波の周期のタイミング）がずれて電圧と電流の比が変動し，基本的にはオームの法則はなりたちません。**ところが複素数を使うと，交流回路における電圧と電流の比（電圧/電流）を，「インピーダンス」という複素数の値をもつ定数であらわすことができるのです。**

インピーダンスは交流回路における抵抗のような値です。式であらわすと，「$V＝Z×I$」となります。オームの法則に非常に似ていますが，R（抵抗）のかわりにZ（インピーダンス）が使われています。

現在では電気工学だけでなく，量子力学，コンピューター科学など私たちの生活に不可欠な科学技術の多くに，虚数が使われています。利用している人も多いと思いますが，体脂肪率をはかることができる体重計は，微弱な交流電流を体に流してインピーダンスをはかることで，体脂肪率を推定しています。

オームの法則

$$V = R \times I$$

電圧　抵抗　電流

市販の体脂肪計では，体に微弱な交流電流を流しインピーダンスをはかることで体脂肪率を推定しています。

$$V = Z \times I$$

複素電圧　インピーダンス　複素電流

虚数の理論で設計された不思議な飛行機

超音速飛行をするための変則的な翼の形状

左右非対称な翼をもつ航空機

「斜め楕円翼」という左右非対称の翼をもった航空機NASA AD-1です。1979年から1982年までテスト飛行を行い，引退後はカリフォルニア州のヒラー航空博物館に展示されました。

飛行機や鳥など，空を飛ぶものの翼や羽はすべて左右対称です。ところが，音速をこえる飛行機には「翼の形状は左右対称ではないほうがよいかもしれない」という研究が，1952年にアメリカ航空宇宙局（NASA）の研究者によって発表されました。これは，一方の翼が前を，もう一方の翼が後を向いた形をしているというもので，「斜め楕《だ》円《えん》翼」とよばれています。

コンピューターのない時代，空気などの流体の流れを解析するために発明されたのが「複素ポテンシャル理論」です。これは，解析する空間を，実数空間から複素数空間にまで広げた手法です。**この手法を使うことで，航空工学の分野ではさまざまな発見がされました。**

斜め楕円翼を搭載した航空機はNASAにより開発され，1979年から1982年までテスト飛行が実施されました。その結果，マッハ1.4までは，左右対称の翼よりも斜め楕円翼のほうが，空気抵抗が低くおさえられることが確認されました。

虚数がなくては物理学もなりたたない

時空の距離をはかるには？

アインシュタインの「相対性理論」と「ピタゴラスの定理」の不思議な関係

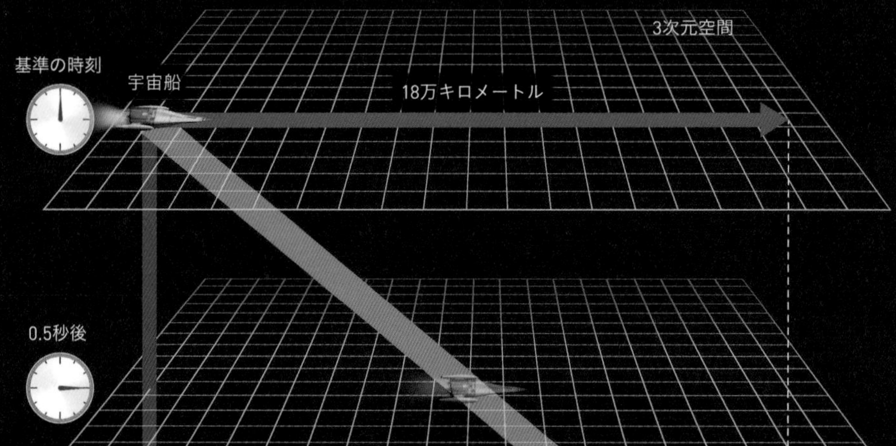

静止しているあなたの前を，秒速18万キロメートルの宇宙船が横切ります（左下のイラスト）。このとき，あなたにとっての1秒は，宇宙船にいる人にとっては0.8秒にしかなりません。奇妙なことに，相対性理論によれば，高速で運動する立場と，それを外から見ている立場では，1秒や1メートルの長さが一致しないのです。

一方，高速で運動する宇宙船と，それを外から見ている立場とで，一致する量があります。それが「4次元距離」です。4次元距離とは，縦・横・高さの3次元空間に1次元の時間を加えた「4次元時空」での距離のことで，右下の関係式がなりたちます。

これは「三平方の定理」（ピタゴラスの定理）とよく似ていますが，同じではありません。4次元距離には時間が入っているために，そのままでは三平方の定理が使えないのです。くわしいことは，次のページで解説します。

「4次元距離」とは？

左ページは，宇宙船の外で静止している立場から見た，宇宙船が秒速18万キロメートルの速度で1秒間進むようすをえがいたものです。右ページは，宇宙船が進む4次元距離（観測者によらない量）を示したものです。この例では，4次元距離は虚数になります。

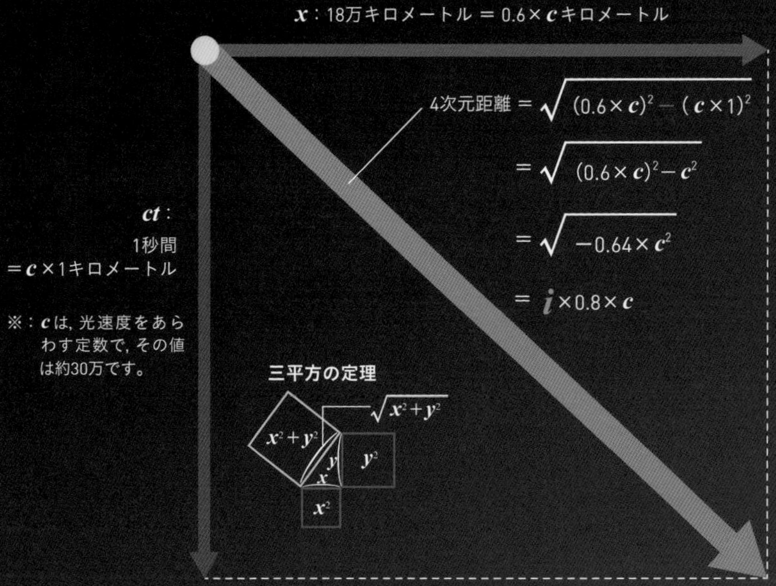

相対性理論でいう「4次元時空の距離」 $\sqrt{x^2-(ct)^2}$

虚数がなくては物理学もなりたたない

虚数を使えば時空の『三平方の定理』が使える

虚数をかけた時間は，空間と区別がつかないとアインシュタインは予言した

時間に虚数をかけると，ピタゴラスの定理で距離が出せる

下は，4次元距離（観測者によらない量）が，時間に虚数単位$\boldsymbol{i}$をかけると，三平方の定理で計算できることを示したものです。右ページは，虚数時間が流れる世界を示したものです。実際にこのようなことを目にすることはないので，私たちが過ごす時間は実数時間であることがわかります。

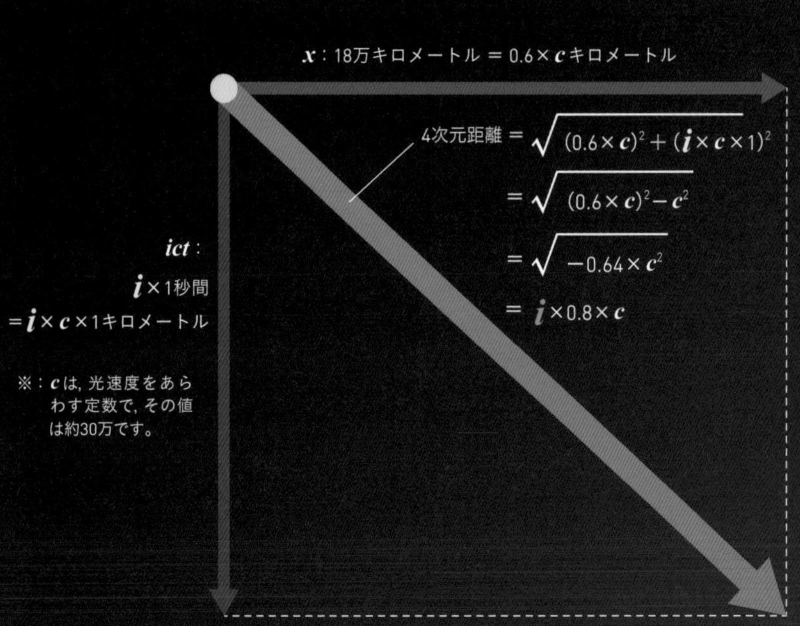

「4次元時空の距離」
（ミンコフスキーの「虚数時間」で書き直したもの）

$$\sqrt{x^2+(ict)^2}$$

通常の空間での2点間の距離は，座標がわかっていれば「三平方の定理」（ピタゴラスの定理）が使えます。しかし，前のページでみたように，「4次元距離」には時間が入っているために，三平方の定理が使えません。

ところが，虚数によって状況は一変します。4次元時空の距離の計算式にある「時間の経過の2乗の引き算」を，「虚数時間の2乗の足し算」とみなすのです。

こうすれば，4次元時空での距離の計算式は，見なれたピタゴラスの定理と同じものになります（左ページの図）。つまり，時間に虚数単位$\boldsymbol{i}$をかければ，時間は空間の次元と区別がつかなくなり，三平方の定理を使って4次元距離が計算できるのです。時間と空間のちがいには，虚数がひそんでいるのかもしれません。

ただし，これは“数学のトリック”にすぎません。私たちが過ごす時間はやはり「実数」なのです。

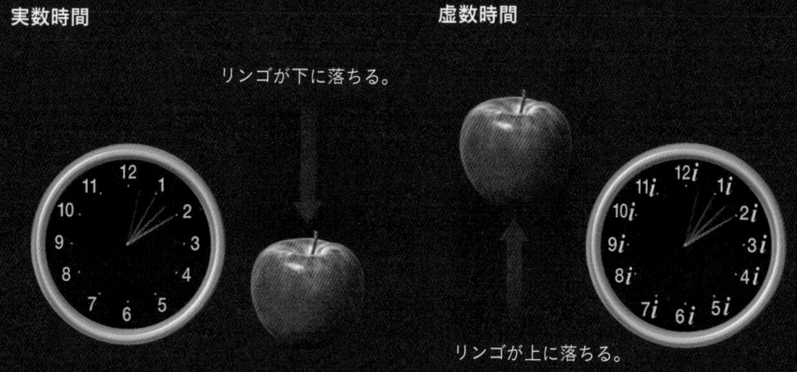

虚数時間では，リンゴが上に落ちる！

ニュートン力学では，「速さ＝（位置の変化）÷（時間の変化）」と定義します。また，「加速度＝（速さの変化）÷（時間の変化）」です。加速度は，大きさと向きをもつ物理量であり，ニュートン力学の運動方程式「$\boldsymbol{F}=\boldsymbol{ma}$」から，加速度（$\boldsymbol{a}$）に質量（$\boldsymbol{m}$）をかけたものが力（$\boldsymbol{F}$）です。

このように，加速度を求めるには，距離を時間で2回割り算します。ここで，時間がもし虚数なら，距離を時間で2回割り算した答え（加速度）にはマイナスの符号がつきます。加速度にマイナスの符号がつくと，加速度の方向は，力の方向とは逆向きになります。つまり，虚数時間が流れる世界とは，リンゴが上に落ちる世界ということになります。

虚数がなくては物理学もなりたたない

ガラスごしの光には虚数が関係している

虚数を使って，光の屈折と吸収をあらわす

窓ガラスから室内にさしこむ光には，少しだけ虚数が関係しています。

光が空気とガラスの境界を斜めに通過するとき，光は曲がります。これを「屈折」といい，曲がる度合いは「屈折率」で決まります。

屈折率は「物質中の光速÷真空中の光速」として定義されるので，その値は実数です。**しかし，複素数の値をもつ「複素屈折率」を使うと，屈折と同時におきる吸収の効果を取り入れることができます**（複素屈折率は，図右下の式であらわされます）。

複素屈折率の実部は通常の屈折率を，虚部は物質（ここではガラス）によって吸収される光の割合をあらわします。

複素屈折率を使った計算結果の実部だけを取りだすと，吸収もされたうえでの屈折光の強度が得られます。波や振動を複素数を使ってあらわし，その計算結果の実部だけを取りだす手法は，物理学でよく使われます。

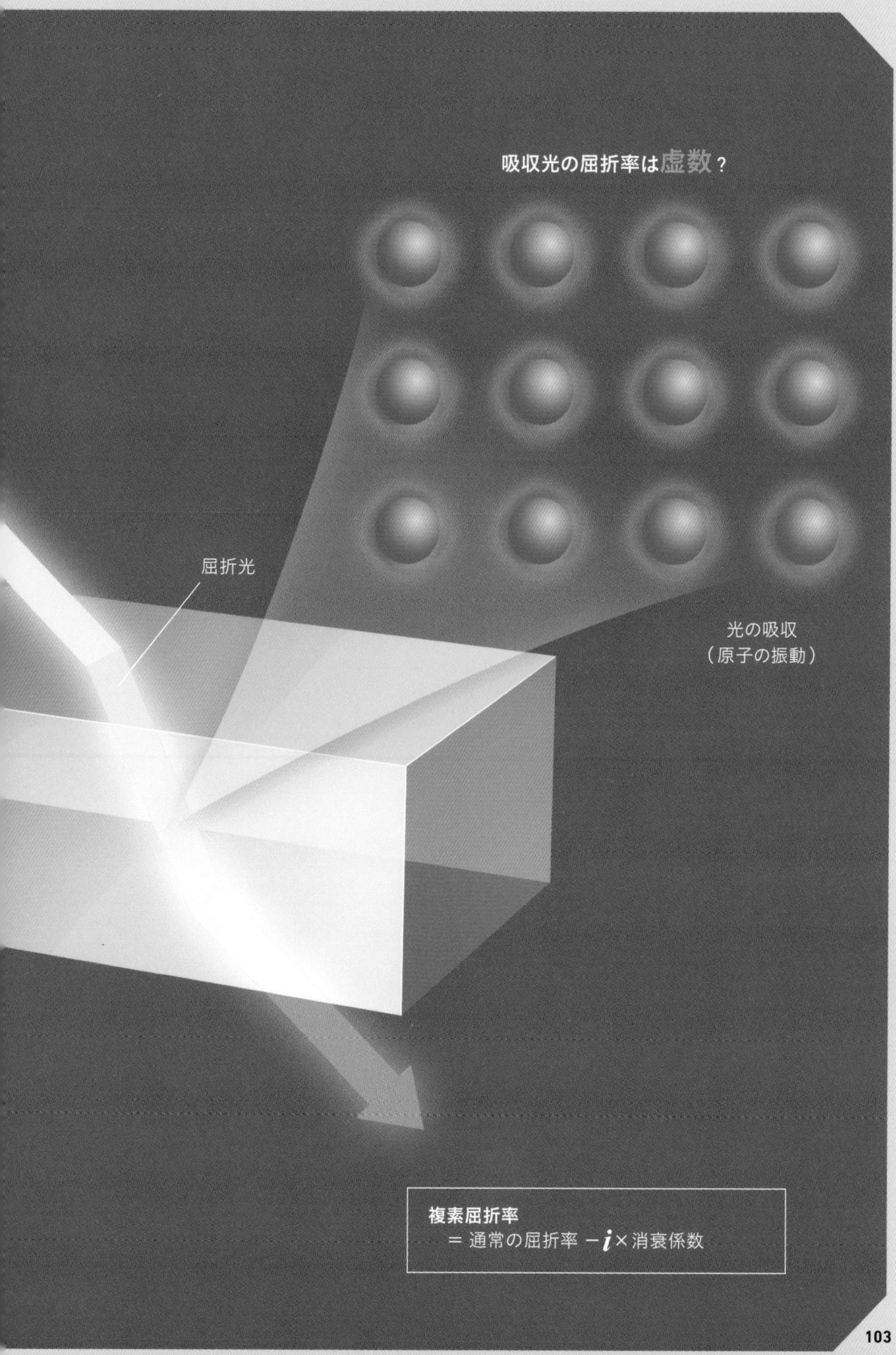
吸収光の屈折率は虚数？
屈折光
光の吸収
（原子の振動）
複素屈折率
＝通常の屈折率 −i×消衰係数

虚数がなくては物理学もなりたたない

太陽系外から来た天体の公転周期

2017年に発見された「オウムアムア」の公転周期は虚数!?

虚数が出てくる面白い例を，もう一つ紹介しましょう。2017年，太陽系の外から飛来したとみられる天体「オウムアムア」が発見されました。

惑星や彗星《すいせい》が，楕円軌道をえがいて太陽のまわりを1周する時間を「公転周期」といいます。地球の公転周期は1年で，ハレー彗星の公転周期は約75年です。

しかし，太陽系の外から来たオウムアムアは，楕円軌道ではなく「双曲線軌道」をえがきます。**このような天体は二度と太陽の近くにもどりませんが，それでも，公転周期を無理やり計算すると，なんと虚数になるのです。**

楕円軌道の公転周期の2乗は，長半径（楕円の長軸方向の半径）の3乗に比例します（ケプラーの第三法則）。双曲線軌道を“特殊な楕円軌道”とみなすと，その長半径は形式上，負の値になります。その3乗も負の値になるため，公転周期の2乗が負の値になります。その結果，双曲線軌道の公転周期は，形式上，虚数になってしまうのです。

太陽のまわりを公転する彗星の軌道（楕円軌道）

計算上は，虚数になるが……

太陽系の外から来た天体の公転周期が計算上，虚数になる例を紹介しました。こうした虚数を含めた考察は，楕円軌道と双曲線軌道を統一的に理解するうえで役立つことがあります。

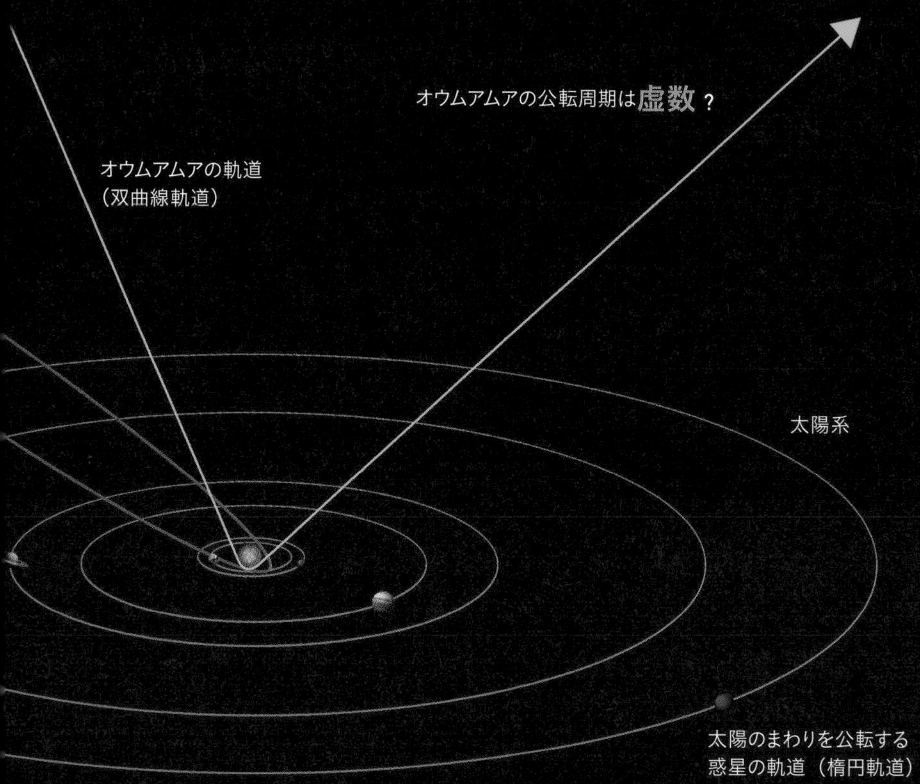
オウムアムアの公転周期は虚数？
オウムアムアの軌道
（双曲線軌道）
太陽系
太陽のまわりを公転する
惑星の軌道（楕円軌道）

オウムアムアの想像図

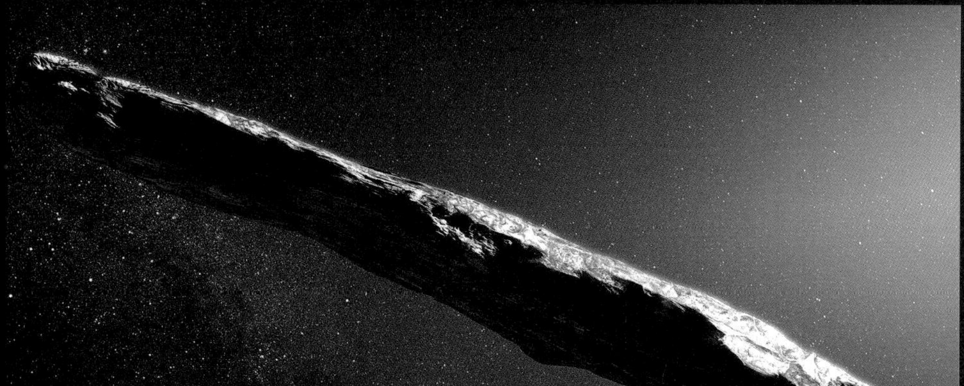

虚数の質量をもつ超光速粒子タキオン

タキオンが実在したら過去への通信も夢ではない?

光速の壁を破るタキオン。その質量は?

仮想上の粒子タキオンは光速の壁を破って進みます。光の素粒子である光子の質量はゼロです。ゼロではない正の質量をもつ粒子は光よりも遅く進み，光速より速いタキオンの質量は虚数になってしまいます。

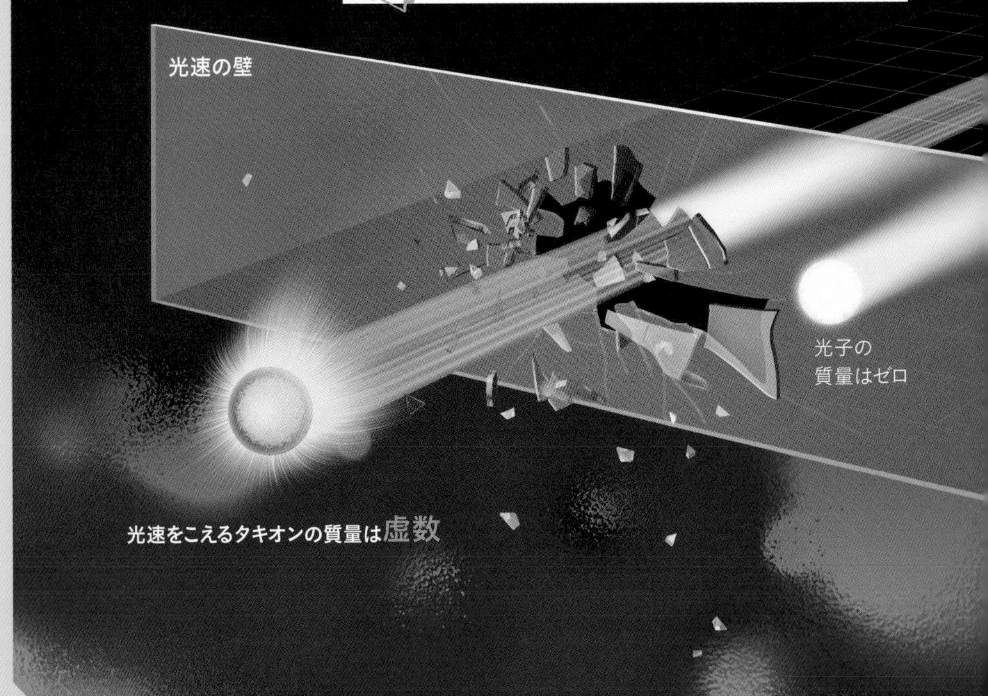

相対性理論では，光速をこえることは不可能とされていますが，生まれながらにして光速をこえている存在を否定するわけではありません。**そのような仮想的な超光速粒子を「タキオン」とよびます。**

光速をこえる奇妙な粒子であるタキオンは，その質量も奇妙です。相対性理論から，タキオンの質量は虚数でなければならないのです。

タキオンが実在した場合，理論的には「過去への通信」が可能になります。たとえば，光速の60％で地球から遠ざかる宇宙船に向かって，地球からタキオンで信号を送ります。宇宙船がそれをタキオンで地球に返信をすると，その返信が地球に届くのは，最初に信号を送った時刻よりも前（過去）になりうるのです。

しかし残念ながら，タキオンが発見されたという報告はありません。**多くの物理学者は，タキオンはあくまでも理論上の粒子にすぎず，実在しないと考えているようです。**

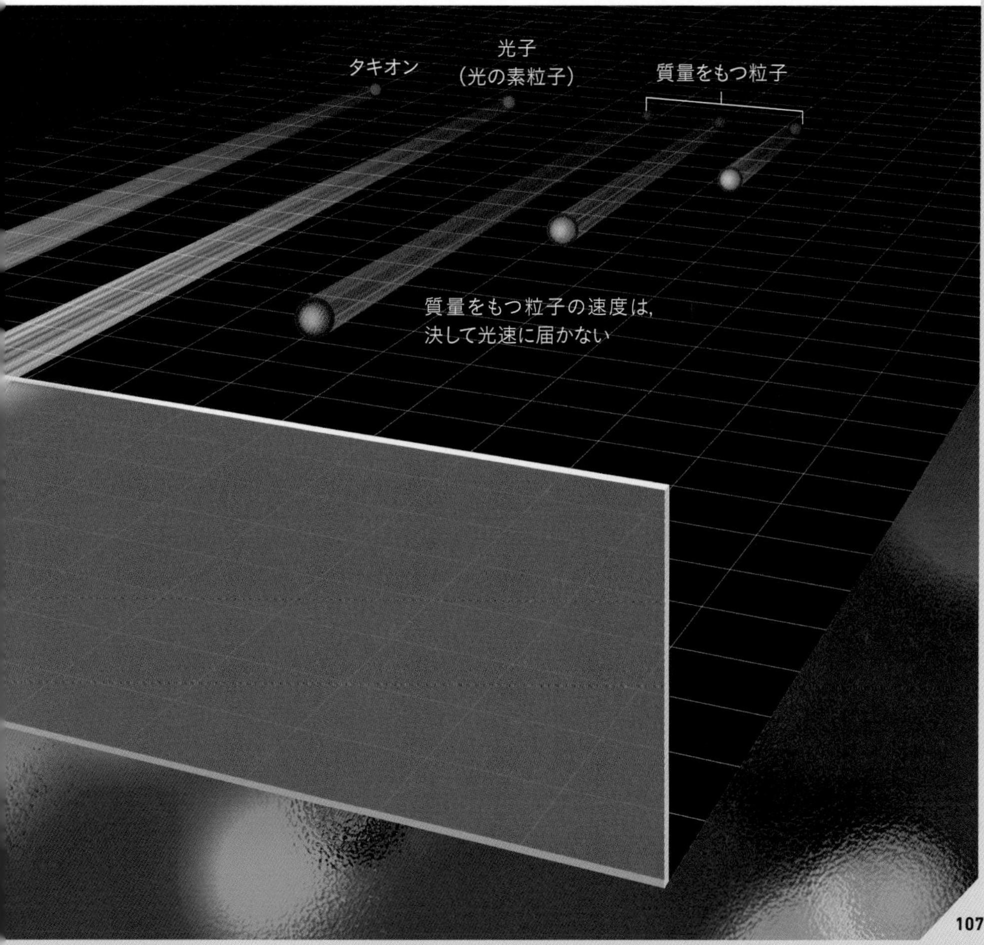

虚数がなくては物理学もなりたたない

虚数が支える最先端テクノロジー

量子力学の基礎方程式は，虚数を前提にしている

量子力学の基礎をつくり上げた理論物理学者。理論物理学の立場から生命を論じた1944年の著作『生命とは何か』は，のちの分子生物学の誕生に影響をあたえたといわれます。

近年，「量子コンピューター」の開発競争が進んでいます。**量子コンピューターの基礎となる量子力学は，虚数（複素数）と深いかかわりをもちます。**

オーストリアの物理学者エルヴィン・シュレーディンガーが提案した，量子力学の基礎方程式「シュレーディンガー方程式」をみると，左辺の先頭に虚数単位$\boldsymbol{i}$が書かれています。**つまり，量子力学は理論そのものに虚数が不可欠なのです。**

量子コンピューターであつかわれる「量子ビット」は，「0でもあり1でもある」状態にあります。これは，0である確率が30%，1である確率が70%といったぐあいに，0か1かは確率であらわされます。そして，その確率を支配するのが，虚数を含むシュレーディンガー方程式なのです。

虚数はスマートフォンやパソコン，量子コンピューターなどの最先端のテクノロジーに，なくてはならないものになっています。

量子力学は，虚数なしにはなりたたない

量子力学の基礎方程式であるシュレーディンガー方程式の左辺には，虚数単位$\boldsymbol{i}$が先頭に置かれています。この方程式を解くことで，記号Ψ（ギリシャ文字のプサイ）であらわされる「波動関数」が得られます。波動関数は複素数の値をもち，その絶対値の2乗から，どんな状態の粒子がどのくらいの確率で検出されるかがわかります。

虚数がなくては物理学もなりたたない

『虚数時間』ではじまる宇宙

宇宙は，空間と時間の区別のない状態からはじまった？

イギリスの宇宙物理学者スティーブン・ホーキング（1942～2018）とロジャー・ペンローズ（1931～）は，宇宙は密度無限大の特異点からはじまったと考える「特異点定理」を示しました。しかし，特異点は，相対性理論であつかうことのできない点です。つまり，宇宙のはじまりについて科学的に議論することができないのです。

そこでホーキングは，相対性理論に量子力学を取り入れた画期的なアイデアを提案しました。**それは，宇宙のはじまりには普通の時間（実数時間）ではなく，「虚数時間」が流れていたというものです。**このように考えると，時間と空間の区別がなくなり，どこが端なのかわからなくなるため，やっかいな存在である特異点を取り除くことができます。

宇宙は，時間と空間の区別のない状態ではじまり，普通の時間が流れはじめると，急速に膨張をはじめて，現在の宇宙になったと考えたのです。

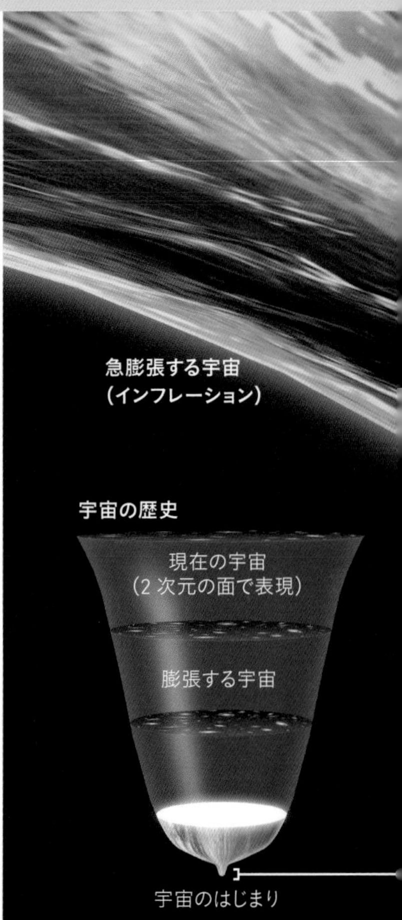

特異点からはじまる宇宙

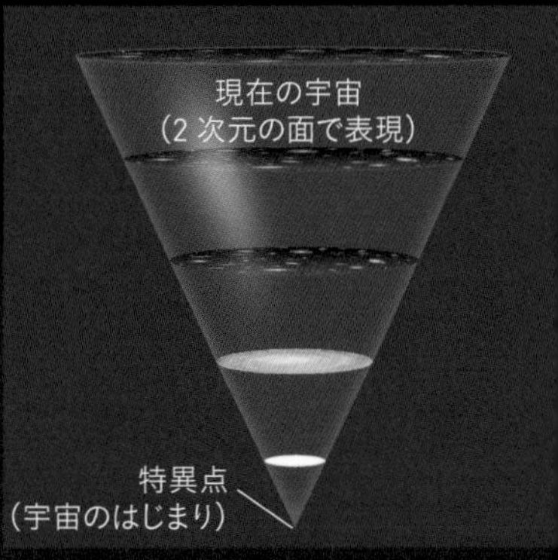

相対性理論のみからみちびかれたモデルでは，宇宙は特異点からはじまります。

時間方向
空間方向
空間方向
ある時間の宇宙
普通の時間
（実数時間）
が流れはじめる
実数時間
（普通の時間）
時間方向
空間
方向
空間方向
虚数時間

5

オイラーの等式と虚数の不思議

オイラーは虚数の有用性にいち早く着目した数学者です。その業績は近代数学の礎となっただけでなく，現代の物理学や工学にまで影響をあたえたといっても過言ではありません。そんなオイラーを魅了した虚数があらわす不思議な世界を，じっくりと味わってみましょう。

e
$e^{i\pi}+1=0$
$e^{ix}=\cos x+i\sin x$

世界一美しい式とうたわれる『オイラーの等式』

「オイラーの公式」をもとにつくられたこの式は自然科学の研究に不可欠

オイラーの等式は**「eを（$i\times\pi$）乗した数に1を足すとちょうど0になる」という式です**。eとπはそれぞれ2.71…，3.14…といったぐあいに，小数点以下に数字が無限につづく数で，iは2乗するとマイナス1になる「虚数」をあらわす記号です。eの（$i\times\pi$）乗に1を足すと0になるということは，$e^{i\pi}$の値がマイナス1であることを意味します。

次のページ以降で，e，i，πとはどんな数かや，この式の深い意味について紹介していきます。しかし，くわしいことを知らなくても，小数点以下に数字が無限につづく二つの数と，2乗するとマイナス1になる数を組み合わせた$e^{i\pi}$が，マイナス1という整数になってしまう点に，この式の神秘を感じられるのではないでしょうか？

等式の名前の由来となったレオンハルト・オイラーは，カール・フリードリッヒ・ガウスと並ぶ数学界の2大巨人の一人です。

オイラーの等式はオイラー自身がみちびきだした記録がはっきりと残っているわけではありません。はっきりわかっているのは，1748年に出版されたオイラーの著書『無限解析序説』の中で，オイラーの等式のもととなる「$e^{ix}=\cos x+i\sin x$」という式がみちびきだされたということです。この式は「オイラーの公式」とよばれ，オイラーの公式のxにπを代入すれば簡単にオイラーの等式をみちびきだすことができます。

オイラーの公式は，「世界一美しい式」と称されるオイラーの等式をみちびきだすだけでなく，自然のしくみを解き明かすうえで不可欠な，非常に実用的な式でもあります。物理学や工学などの最先端の研究もオイラーの公式によって支えられているのです。

レオンハルト・オイラー
（1707 〜 1783）

スイス，バーゼル出身の数学者，天文学者。近代数学の基礎を築き，後世の数学や科学に多大な影響をあたえました。「微積分法」の発展に大きく貢献したほか，「一筆書き問題」や「多面体問題」を証明し，「位相幾何学（トポロジー）」とよばれる数学の一分野が創始される土台をつくりました。オイラーは歴史上で最も多くの論文を書いた数学者といわれています。

オイラーの等式

$$e^{i\pi}+1=0$$

オイラーの公式

$$e^{ix}=\cos x+i\sin x$$

オイラーの等式とオイラーの公式

オイラーの等式（上の式）は，オイラーの公式（下の式）のxにπを代入することで簡単にみちびきだせます。オイラーの公式は1748年に出版されたオイラーの著書『無限解析序説』の中ではじめて示されました。

オイラーがみちびきだした『オイラーの公式』

二つの関数が虚数によって結ばれる

指数関数と三角関数が虚数を介して等式で結ばれる

指数関数 $y=e^x$ は x を大きくすると無限大になります。一方，三角関数 $y=\sin x$，$y=\cos x$ は周期的な振動を示します。実数の世界では一見まったくことなる性質をもつこの二つの関数が，虚数を介して等式で結ばれているのがオイラーの公式です。オイラーの公式は，大学レベルの数学や物理学，工学で頻出する超重要公式です。

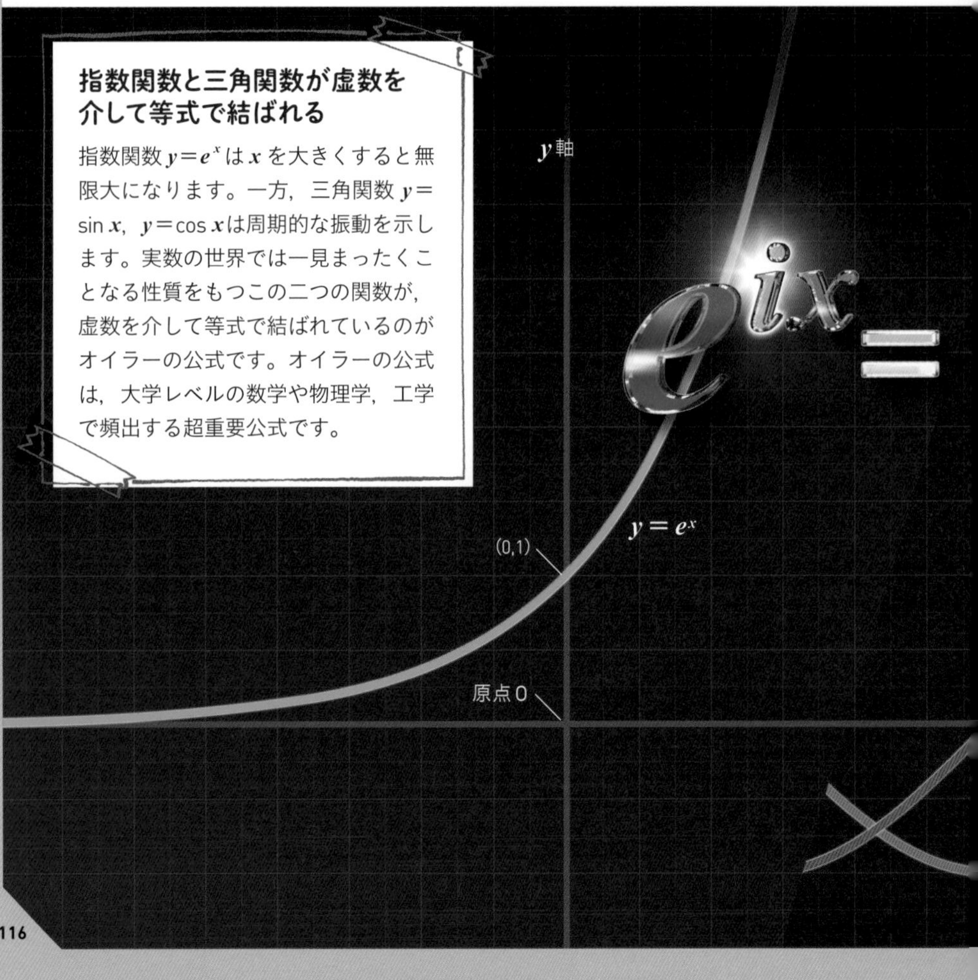

オイラーはマイナス1の平方根（2乗するとマイナス1になる数＝$\sqrt{-1}$）を「虚数単位」と定め，「i」とあらわすことにしました。そして，『無限解析序説』の中で，「オイラーの公式」を書きしるしたのです。

左辺はe^xという「指数関数」を含みます。eは「ネイピア数」とよばれる2.718…と不規則な数が無限につづく定数です。指数関数は，xが大きくなるにつれて，e^xの値も無限大に向かって大きくなります。

一方，右辺に登場するsin$x$とcos$x$は，「三角関数」とよばれる関数です。三角関数はいずれも，マイナス1と1の間を波のように周期的に振動します。

三角関数と指数関数は，一見まったくことなる性質をもっていますが，不思議なことにオイラーの公式ではこの二つの関数が等式で結ばれています。この公式をなりたたせている数こそが，虚数だったのです。

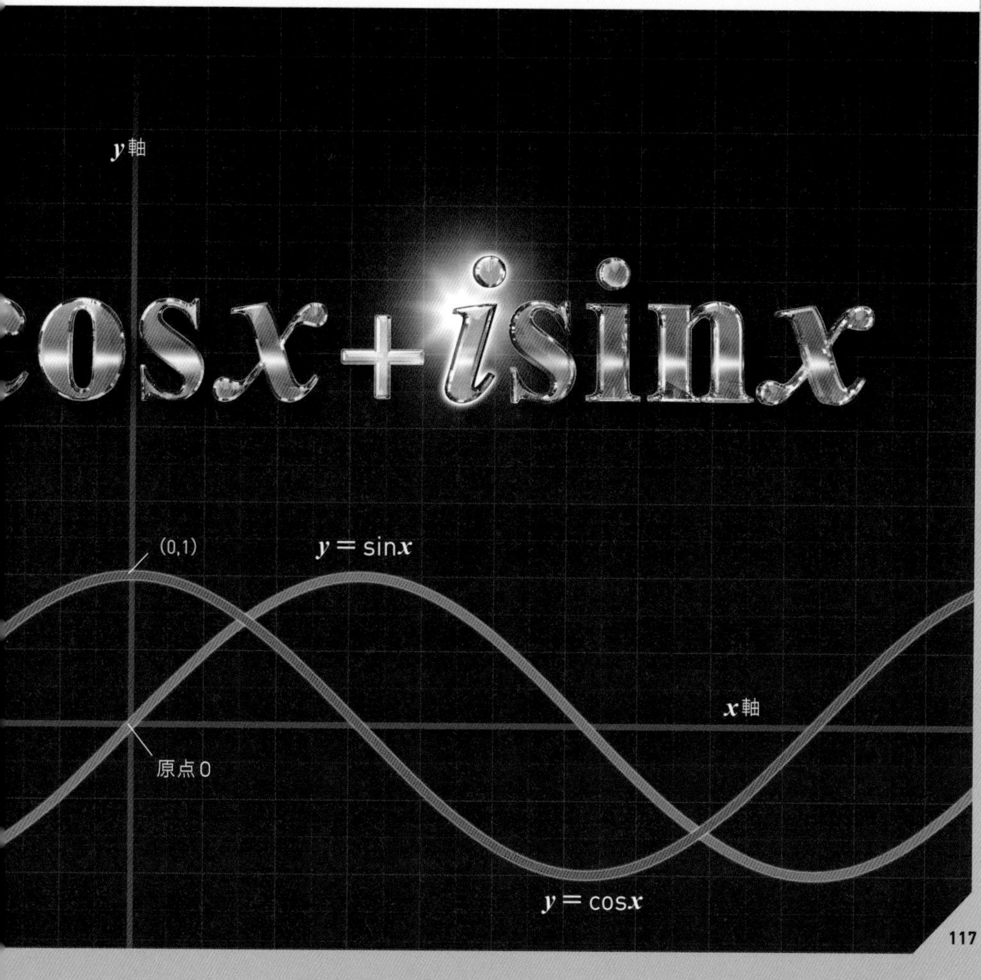

ネイピア数eは預金の利子の計算から生まれた

対数の発見者の名前が冠されたネイピア数

ネイピア数eをはじめて発見したのはスイスの数学者ヤコブ・ベルヌーイ（1654～1705）だといわれています。

元金を1，金利を100％とし，$\frac{100}{n}$％の金利を，n年間毎年受け取るとしましょう。**ベルヌーイは，nの値をどんどん大きくしたときのn年後の利子が**

$$\lim_{n\to\infty}\left(1+\frac{1}{n}\right)^n$$

となることを示し，この式がある数（2.71…）に近づくことを確認しました。

のちにオイラーは，自著『力学』の中で，この値を「e」という記号であらわしたのです。

大航海時代，スコットランドのジョン・ネイピアは，海での遭難を減らすために，天文観測の計算を簡単にする対数※を発明しました。

その後，オイラーが自然対数について研究していたとき，自然対数の底がeであることを発見しました。その後，これは「ネイピア数」とよばれるようになりました。

※：対数とは$a^x=b$がなりたつときのxをさします。このとき「xはaを底とするbの対数」と表現され，「$\log_a b=x$」という数式であらわされます。

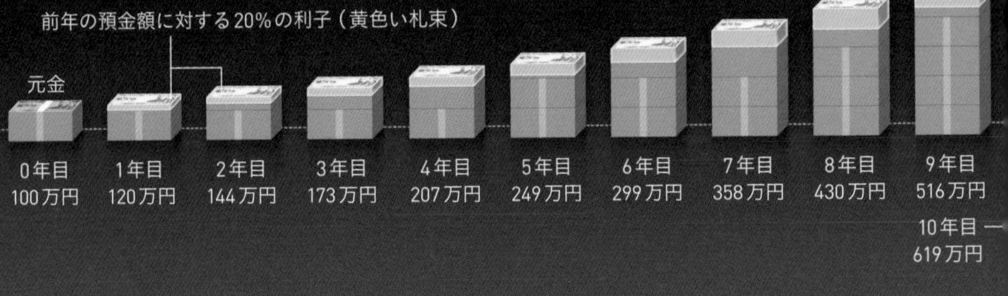

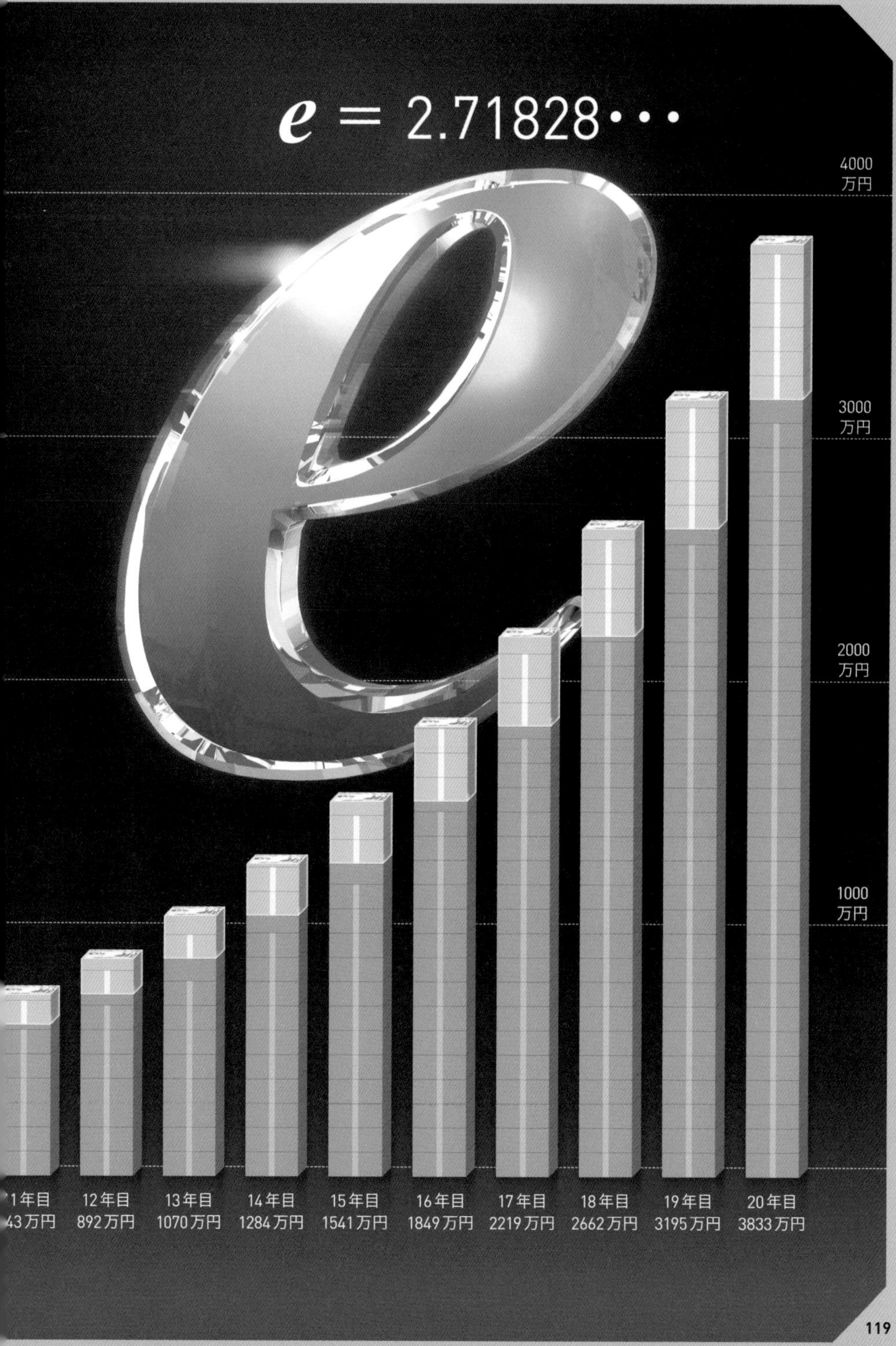

e = 2.71828・・・
4000万円
3000万円
2000万円
1000万円
1年目
43万円
12年目
892万円
13年目
1070万円
14年目
1284万円
15年目
1541万円
16年目
1849万円
17年目
2219万円
18年目
2662万円
19年目
3195万円
20年目
3833万円

円や回転と切りはなせない重要な数『円周率π』

国際的な単位のルールでは，πは角度をあらわすためにも使われる

円周率とは，円周の長さを直径で割った値です。円の直径が2倍，3倍…になれば，円周の長さも2倍，3倍…になるため，円周率は円の大きさに関係なく一定の値です。小学校ではおよそ3.14という値を使うことが多いですが，実際は3.14のうしろに不規則な数の列が無限につづきます。

円周率は「π」というギリシャ文字であらわされます。これは，「周」を意味するギリシャ語の頭文字からきています。円周率にπという記号を使ったのは，ウェールズの数学者ウィリアム・ジョーンズ（1675～1749）が最初だといわれていますが，一般に広まったのは，オイラーが著書の『無限解析序説』の中で用いたのがきっかけだとされています。

ところで，ふだん図形の角度などをあらわす場合，30°や60°といったように，一周を360°としてその360分の1を単位とする「度数法」が一般的です。**一方，国際的な単位のルール（国際単位系）では，角度の単位は「ラジアン」と定められています。**

角度をラジアンであらわす方法を「弧度法」といいます。弧度法では，半径1の円を考えたとき，円弧の長さが半径1に等しくなる中心角度が「1ラジアン（約57.3°）」と定義されます。円1周の中心角度360°は，円周の長さ「2πラジアン」であらわされます。180°はπラジアン，90°は$\frac{1}{2}$πラジアンといったぐあいです。なお，ラジアンという単位は通常省略されています。

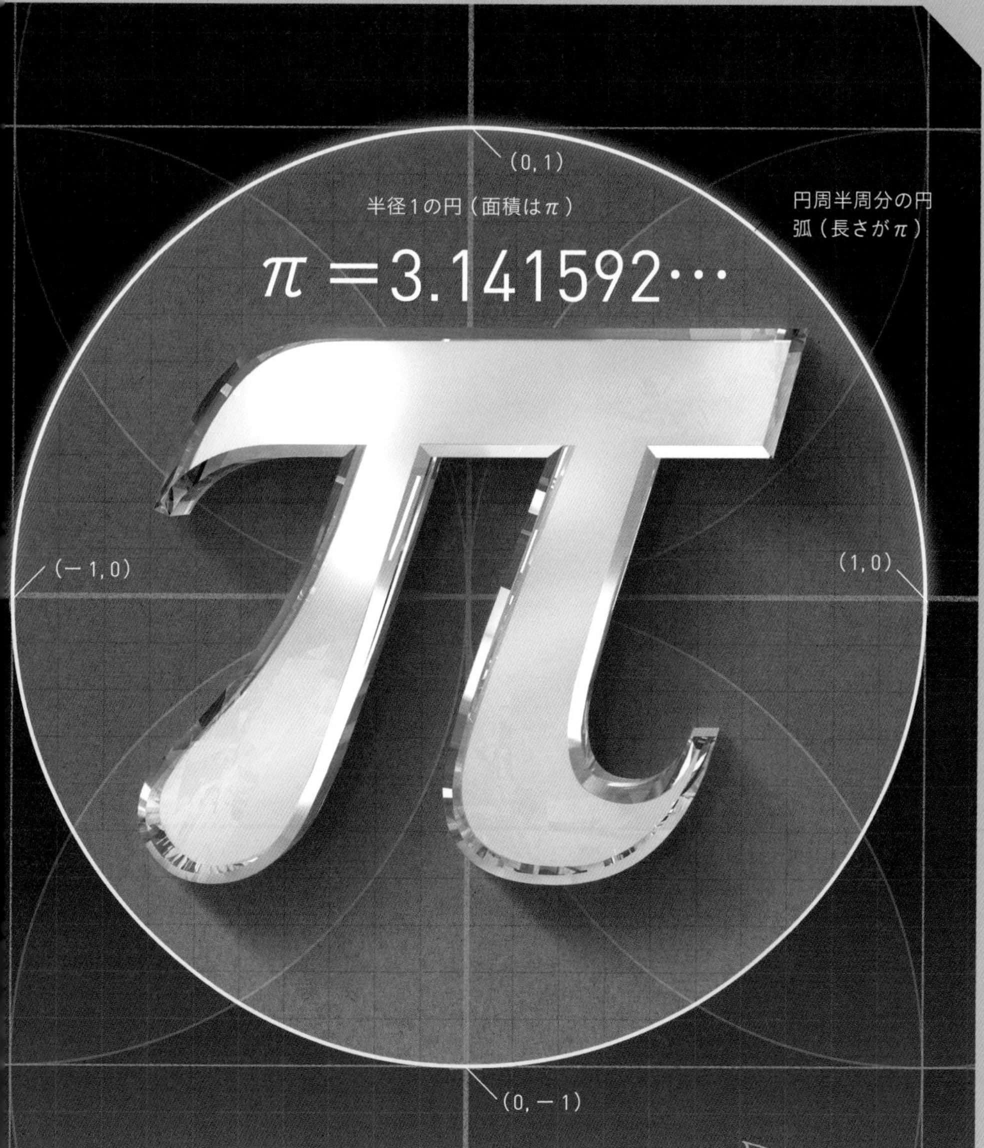

180°は「πラジアン」

上のイラストでは，半径1の円をえがきました。この円の円周の長さは2π（直径×π）なので，円周半周分の円弧（オレンジで示した部分）の長さはπとなります。「弧度法」をつかえば，円周半周分の円弧をあたえる扇形の中心角（180°）はπラジアンになります。また，この円の面積も半径×半径×π＝πとなります。

『三角関数』こそ オイラーの等式の土台

$\sin x$と$\cos x$は波や振動を記述するのに必須の関数

オイラーの等式のもととなる「オイラーの公式」には，$\sin x$と$\cos x$が登場します。これらは「三角関数」とよばれる関数です。

高校数学では「直角三角形の角度と辺の長さの関係」をあらわす「三角比」を習います。ここで登場するのが$\sin$や$\cos$です。**三角関数は「三角形」という発想からいったんはなれて，「円の関数」だと考えたほうが，その本質をより正確につかむことができます。**

まず，右下の図のように原点Oを中心とする半径1の円を考えてみましょう。そして円周上の適当な点Pを考え，点Pと原点Oを結んだ線分がx軸となす角の角度をθとします。このとき，点Pのx座標が$\cos\theta$，y座標が$\sin\theta$になります。つまり，三角関数は，「半径1の円周上を点Pがぐるぐる回転するときの点Pの座標（位置）をあらわすもの」といういい方ができるのです。

円運動をあらわす三角関数こそ，オイラーの公式の土台となる式です。オイラーの公式は虚数の世界での円運動をあらわす式なのです。

右上のグラフは，$y=\sin\theta$と$y=\cos\theta$のグラフです。θ軸（横軸）は角度，y軸（縦軸）は三角関数の値です。なお，三角関数の横軸には通常，角度360°を2π（ラジアン）とする弧度法が使われます。点Pは単位円周上を円運動しており，1周すると最初の位置にもどるため，三角関数のグラフは周期的に振動する波の形になります。$y=\cos\theta$のグラフをθ軸方向に$\frac{\pi}{2}$（＝90°）だけずらすと$y=\sin\theta$と完全に一致します。

オイラーの公式が物理学において不可欠な式となっているのは，三角関数が光（電磁波）などの自然現象をあらわすうえで必須の関数だからです。

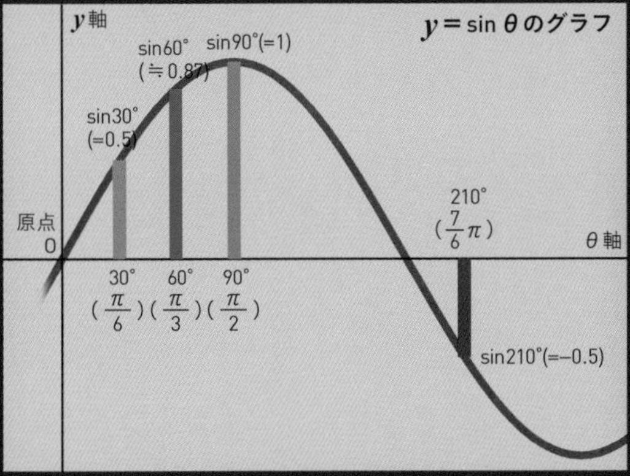

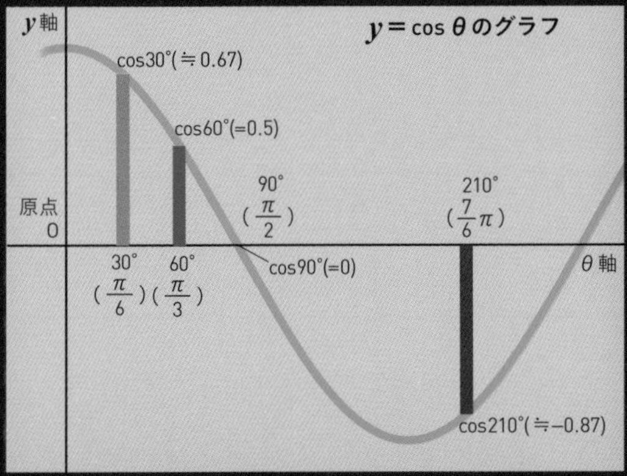

sinとcosは波をあらわす

下のイラストでは，単位円周上に点Pをとり，原点0とPを結んだ線とx軸のなす角をθとすると，P(cos θ，sin θ)となることを示しました。左に示したのは，sin θのグラフ(上)およびcos θのグラフ(下)です。これらのグラフは周期的な波の形になります。

三角比とは？

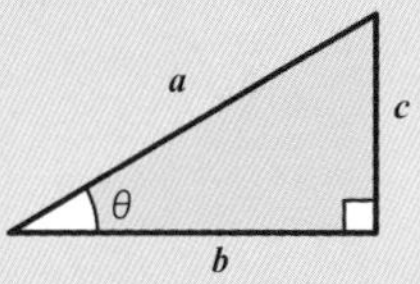

$\sin\theta = \frac{c}{a}$

$\cos\theta = \frac{b}{a}$

$\tan\theta = \frac{c}{b}$

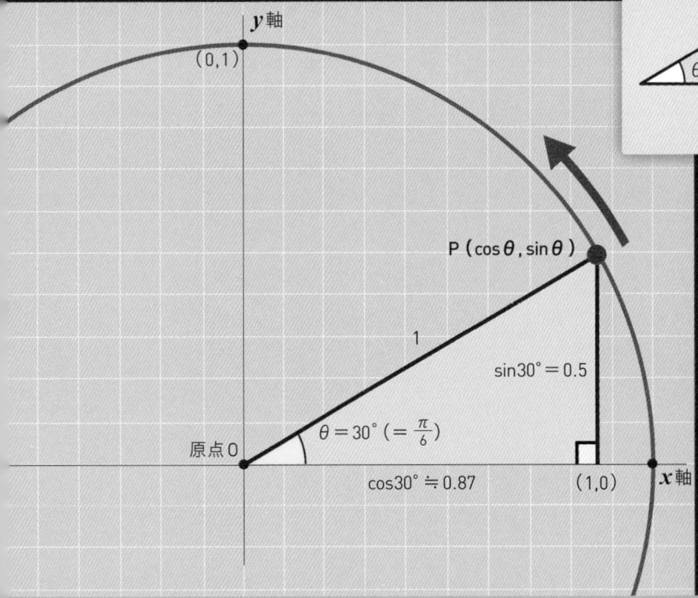

無限の足し算を使えば『虚数乗』もあらわせる

「e^i」を足し算に直して計算すると複素数になる

オイラーの公式には「eのix乗」が登場します。eの2乗は2個のeをかけるということですが，eの虚数乗とはいったい何でしょうか。

実は，このような計算をはじめてあつかったのがオイラーです。『無限解析序説』に，そのプロセスがくわしく書かれています。

eの虚数乗は，e^xを「無限につづく足し算」であらわすことで意味をとらえやすくなります。当時，「微積分法」を生みだしたアイザック・ニュートン（1642～1727）とゴットフリート・ライプニッツ（1646～1716）らによって，三角関数$\sin x$や$\cos x$を，無限につづく足し算（無限級数）であらわす方法が研究されていました（右の式①，②）。**オイラーはこの研究に強い関心を寄せ，みずからも『無限解析序説』の中で対数関数や指数関数について深い考察を行い，無限大や無限小の概念を駆使することによってe^xという指数関数を無限級数を使ってあらわすことに成功したのです**（右の式③）。

オイラーが研究を行う以前は，指数関数e^xのxには実数が入ることが前提でした。オイラーはxに複素数が入る場合について考察し，e^xの定義を複素数にまで拡張しました。**このことは数学的にはたいへん重要な発見でした。**

この式でeの虚数乗の意味も見通しがつきやすくなりました。たとえば，xに虚数iを代入してみると，実数部分と虚数部分がそれぞれ無限級数であらわされます。それぞれの足し算は0.5403…と0.8414…に収束することが知られています。つまりe^iが「(0.5403…)＋(0.8414…)i」という複素数になります。eの虚数乗は，複素平面上のある1点をあらわす複素数になるのです。

オイラーの公式

$$e^{ix}=\cos x+i\sin x$$

①$\cos x$の無限級数表示（ニュートン，ライプニッツらが研究）

$$\cos x=1-\frac{x^2}{2\times1}+\frac{x^4}{4\times3\times2\times1}-\frac{x^6}{6\times5\times4\times3\times2\times1}+\cdots\cdots$$

②$\sin x$の無限級数表示（ニュートン，ライプニッツらが研究）

$$\sin x=x-\frac{x^3}{3\times2\times1}+\frac{x^5}{5\times4\times3\times2\times1}-\frac{x^7}{7\times6\times5\times4\times3\times2\times1}+\cdots\cdots$$

③e^xの無限級数表示（オイラーが発見）

$$e^x=1+x+\frac{x^2}{2\times1}+\frac{x^3}{3\times2\times1}+\frac{x^4}{4\times3\times2\times1}+\cdots\cdots$$

③に$x=i$を代入

$$e^i=1+i+\frac{i^2}{2\times1}+\frac{i^3}{3\times2\times1}+\frac{i^4}{4\times3\times2\times1}+\frac{i^5}{5\times4\times3\times2\times1}+\cdots\cdots$$

$$e^i=\underbrace{\left(1-\frac{1}{2\times1}+\frac{1}{4\times3\times2\times1}-\cdots\cdots\right)}_{0.5403\cdots}+\underbrace{\left(1-\frac{1}{3\times2\times1}+\frac{1}{5\times4\times3\times2\times1}-\cdots\cdots\right)}_{0.8414\cdots}i$$

$$e^i\fallingdotseq0.5403+0.8414i$$

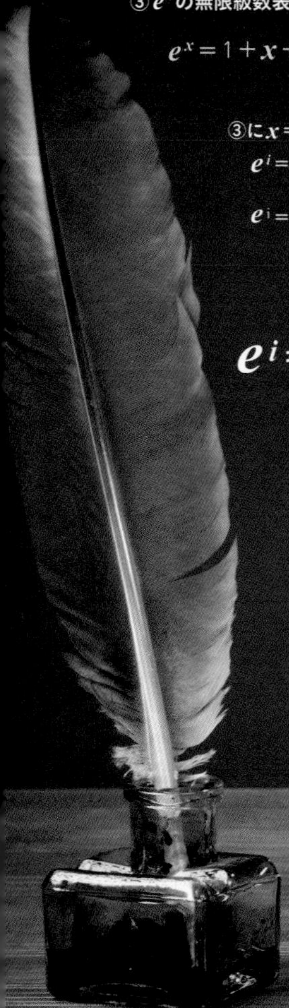

以後の数学に大きな影響をあたえた『無限解析序説』

オイラーの著した『無限解析序説』は，数学の歴史の中でも非常に重要な著作ですが，その中でオイラーは，ネイピア数と円周率に対してそれぞれ「e」「π」という記号を使いました。ほかにも，指数関数と対数関数の関係について考察し，無限級数で展開することに成功するなど，さまざまな重要な発見をこの一冊の著書の中にしるしました。

三角関数と指数関数は虚数の世界でつながっていた！

オイラーの等式は，人類が4000年以上にわたりはぐくんできた，数学の長い歴史における一つの到達点

$$e^{ix} = 1 + \frac{ix}{1} + \frac{(ix)^2}{2\times1} + \frac{(ix)^3}{3\times2\times1} + \frac{(ix)^4}{4\times3\times2\times1} + \frac{(ix)^5}{5\times4\times3\times2\times1} + \cdots\cdots$$

$$= 1 + \frac{ix}{1} - \frac{x^2}{2\times1} - \frac{ix^3}{3\times2\times1} + \frac{x^4}{4\times3\times2\times1} + \frac{ix^5}{5\times4\times3\times2\times1} - \cdots\cdots$$

$$= \left(1 - \frac{x^2}{2\times1} + \frac{x^4}{4\times3\times2\times1} - \cdots\cdots\right) + i\left(x - \frac{x^3}{3\times2\times1} + \frac{x^5}{5\times4\times3\times2\times1} - \cdots\cdots\right)$$

①と②を代入するとオイラーの公式がみちびきだせる

① $\cos x = 1 - \frac{x^2}{2\times1} + \frac{x^4}{4\times3\times2\times1} - \cdots\cdots$

② $\sin x = x - \frac{x^3}{3\times2\times1} + \frac{x^5}{5\times4\times3\times2\times1} - \cdots\cdots$

オイラーの公式 $e^{ix} = \cos x + i\sin x$

オイラーの公式のxにπを代入すると

$e^{i\pi} = \cos\pi + i\sin\pi$

$\cos\pi = -1$　$\sin\pi = 0$なので

$e^{i\pi} = -1$

オイラーの等式 $e^{i\pi} + 1 = 0$

指数関数の実数部分は cos x の無限級数表示に，虚数部分の係数は sin x の無限級数表示になっています（左下の計算式）。これでオイラーの公式がみちびかれました。最後に，x に π を代入すればオイラーの等式をみちびくことができます。

オイラーの公式は，e^{ix} という関数が複素平面上の単位円周上を回転する点をあらわすことを意味しています（右下）。オイラーの等式にあらわれる $e^{i\pi}$ は $x=\pi$（偏角が π），すなわち180°回転した点に相当します。この点は－1なので，$e^{i\pi}$ が－1になることが視覚的にわかります。

オイラーの公式と等式は，指数関数と三角関数という実数の世界ではまったくことなる性質をもった関数が，複素数まで広げて考えると密接な関係にあることを示しています。

e，i，π は解析・代数・幾何学という数学の三大分野を代表する数です。それが無限級数や微分・積分，指数関数，三角関数を駆使することで，みごとに結実します。オイラーの等式は，数学の一つの到達点です。

$$e^{ix}=\cos x+i\sin x$$

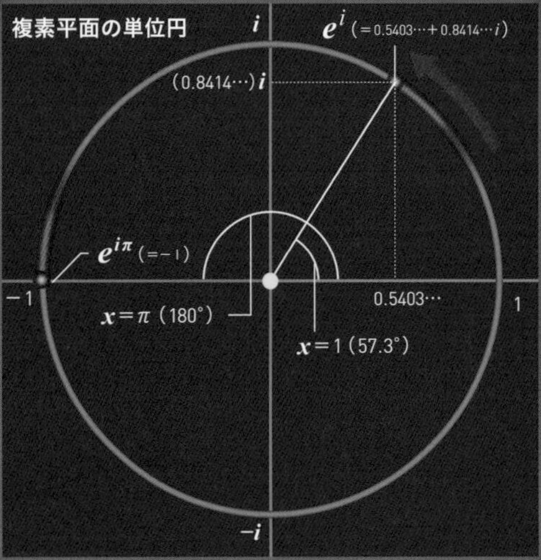

オイラーの公式の意味

オイラーの公式によれば，e^{ix} は複素平面の単位円周上の点をあらわします。x は，e^{ix} と原点0を結んだ線が，実数軸（横軸）となす角度を弧度法であらわしたものです。左のイラストでは，e^{ix} の x に1（約57.3°）を代入して得られる e^{i} が「0.5403…＋（0.8414…）i」になり，x に π（180°）を代入して得られる $e^{i\pi}$ がマイナス1になるようすをえがきました。x を連続的に変化させれば，e^{ix} は単位円周上をぐるぐると回転します。

Column
コーヒーブレーク

近代数学の基礎を築いた天才数学者オイラー

数学の世界でオイラーがいかに天才的な能力を発揮したかを，「オイラーの等式」と「オイラーの公式」を通して解説してきましたが，ここでは，それ以外の問題でもオイラーが大きな貢献を果たしたことを解説しましょう。

1707年にスイスのバーゼルで生まれたオイラーは，ロシアのサンクトペテルブルク科学アカデミーで重要なポストを得ました。

1735年ころ，オイラーは右目の視力をなくし，また左目も失明してしまいました。しかし，オイラーは精力的に活動しました。**特筆されるべきは教科書の執筆です。**1748年に彼は代数，三角法，微分積分学の教科書である『無限解析序説』を書きました。『微分学原理』(1755)，『積分学原理』(1768～1770)，『あたえられた条件を満たす極大極小面を見いだす方法』(1744)，『力学』(1736)の教科書も有名で，ニュートンとライプニッツが創始した微積分は，オイラーの教科書によって広く使われるようになったのです。

次にのべる二つの問題を解くことによって，オイラーは「位相幾何学（トポロジー）」とよばれる学問の創始者にもなりました。第一の問題は，一筆書きの問題です。プロシアのケーニヒスベルクの町は，川によって四つの地域に分けられていました。これらの地区を結ぶために，川には七つの橋が架けられていました。この町には，「同じ橋を二度渡ることなく，全部を渡ることはできない」といういい伝えがありました。これを聞いたオイラーは，そこには重要な原理が含まれていると感じ，その原理を明快な言葉であらわしてこの問題を解いたのです。

第二の問題は，多面体の問題です。この問題を研究したオイラーは，「多面体では，辺の数に2を加えた数は頂点の数と面の数の和に

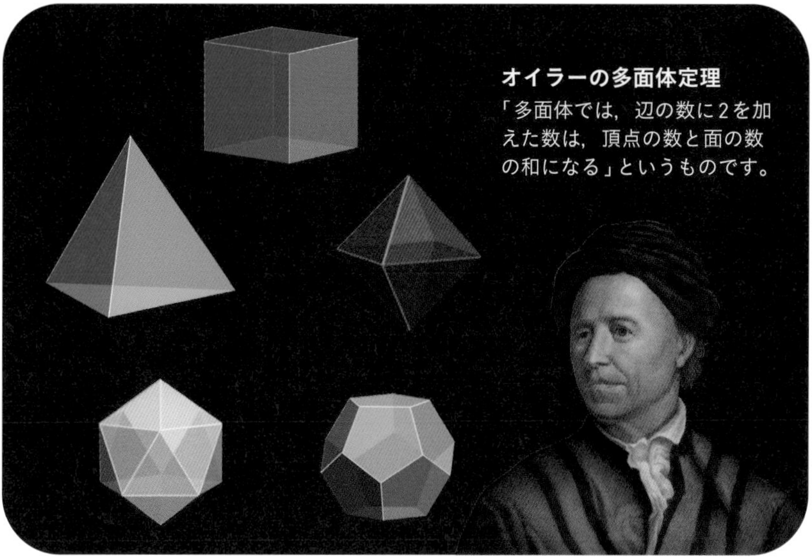

オイラーの多面体定理
「多面体では，辺の数に2を加えた数は，頂点の数と面の数の和になる」というものです。

なる」という多面体定理を証明しました。この二つの問題は，図形や空間を連続的に変形していっても問題の本質が変わりません。このような考え方から生まれたのが「位相幾何学」です。

また，オイラーが大きく貢献した「変分学」の問題として，昔から知られていた次のような問題がありました。「古代都市カルタゴでは，1人の男が一日がかりで掘った溝で囲まれた土地を所有することを許されていた。どういう形で溝を掘れば，その面積が最大になるか」。これを数学的にいいかえれば，「一定の長さの周をもつ図形の中で，その面積が最大になるのはどういう図形であるか」という問題となり，その答えは円です。オイラーは単なる微積分にとどまらない，変分学の問題に使えるような微積分の手法を編みだしたのです。

またオイラーは，アイザック・ニュートンがみちびきだした運動の方程式を拡張して，流体および剛体に対する運動方程式をみちびきだし，ニュートンが手をつけた問題を発展させました。

オイラーの等式と虚数の不思議

虚数の虚数乗はなんと実数になる！

頭がこんがらかってしまいそうだが，虚数の虚数乗も計算できる

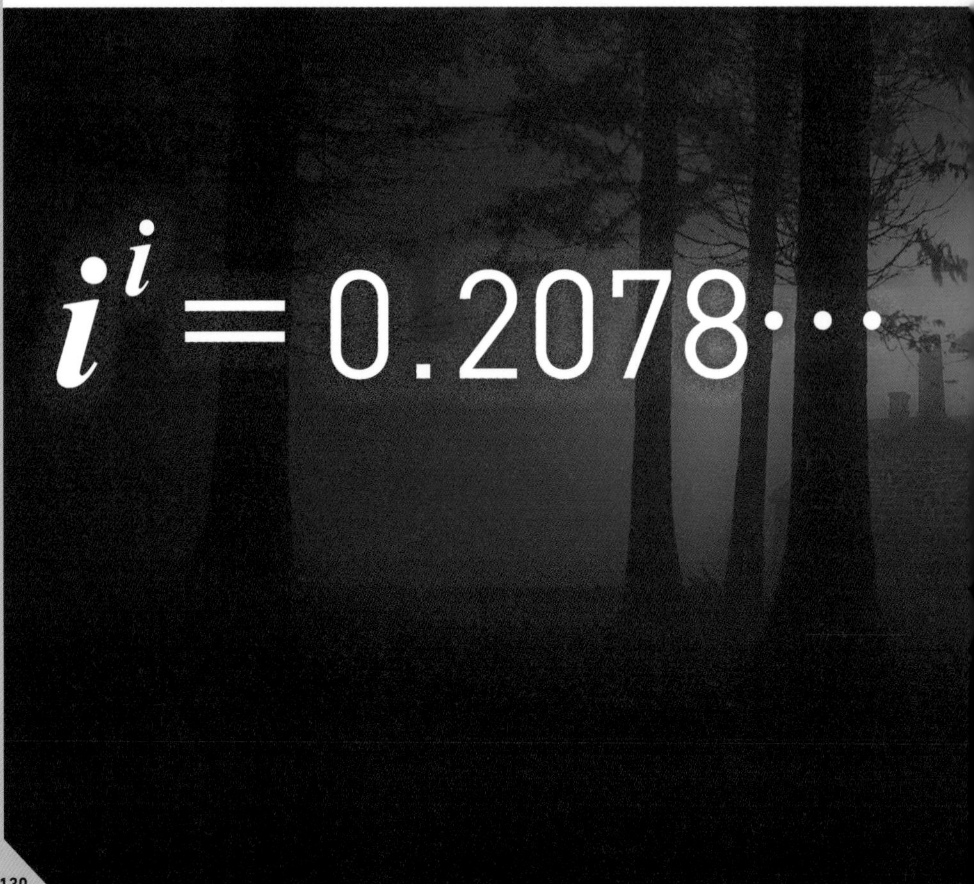

$$i^{i} = 0.2078\cdots$$

「虚数を虚数回かける」という言葉だけみると，まったくもって想像つかない，もしくはそんな数は存在しないと思う人も多いのではないでしょうか。**しかし，これもオイラーの公式「$e^{ix}=\cos x+i\sin x$」を使うと，計算できるのです。**

まず，オイラーの公式に$x=\frac{\pi}{2}$を代入してみましょう。

$$e^{i\times\frac{\pi}{2}}=\cos\frac{\pi}{2}+i\sin\frac{\pi}{2}$$

ここで，$\sin\frac{\pi}{2}$と$\cos\frac{\pi}{2}$はそれぞれ1と0なので，$e^{i\times\frac{\pi}{2}}=0+i=i$ です。ここで両辺をi乗すると，

$$e^{i\times\frac{\pi}{2}\times i}=i^i \qquad e^{-\frac{\pi}{2}}=i^i$$

となります。eも$-\frac{\pi}{2}$も実数なので，左辺の計算結果も実数になり，$i^i=0.2078\cdots$です。

実は，不思議なことに，オイラーの公式に$x=\frac{\pi}{2}+2\pi n$（$n=0$, 1, 2…）を代入した場合も，右辺はiになります。そして，その式の両辺をi乗すると，$e^{-\frac{\pi}{2}-2\pi n}=i^i$となります。**前にみたのは$n=0$の場合ですが，$n=1$, 2…の場合も左辺は実数なので，$i$の$i$乗は0.2078…だけでなく無限個の値をとるのです。**

角度が虚数のとき，三角関数cosの値は実数になる

$\cos i=1.5430\cdots$

$y=\cos x$の無限級数表示は以下のようになります。

$$\cos x=1-\frac{x^2}{2\times1}+\frac{x^4}{4\times3\times2\times1}-\frac{x^6}{6\times5\times4\times3\times2\times1}+\cdots\cdots$$

この式に$x=i$を代入します。

$$\cos i=1-\frac{i^2}{2\times1}+\frac{i^4}{4\times3\times2\times1}-\frac{i^6}{6\times5\times4\times3\times2\times1}+\cdots\cdots$$

$$\cos i=1+\frac{1}{2\times1}+\frac{1}{4\times3\times2\times1}+\frac{1}{6\times5\times4\times3\times2\times1}+\cdots\cdots$$

$$\cos i=1.5430\cdots$$

複素平面上にあらわれた『フラクタル構造』

マンデルブロが考えた，永遠にくりかえされる不思議なパターン

自己相似性の図形

マンデルブロ集合の全体図を示しました。無限大になるcの値については，無限大になる速度に応じて配色をほどこしてあります。全体図中央にある赤い枠で囲まれた部分を拡大した図が右ページの拡大図①です。次々と拡大していくと，部分的に似た構造がたびたびあらわれます。

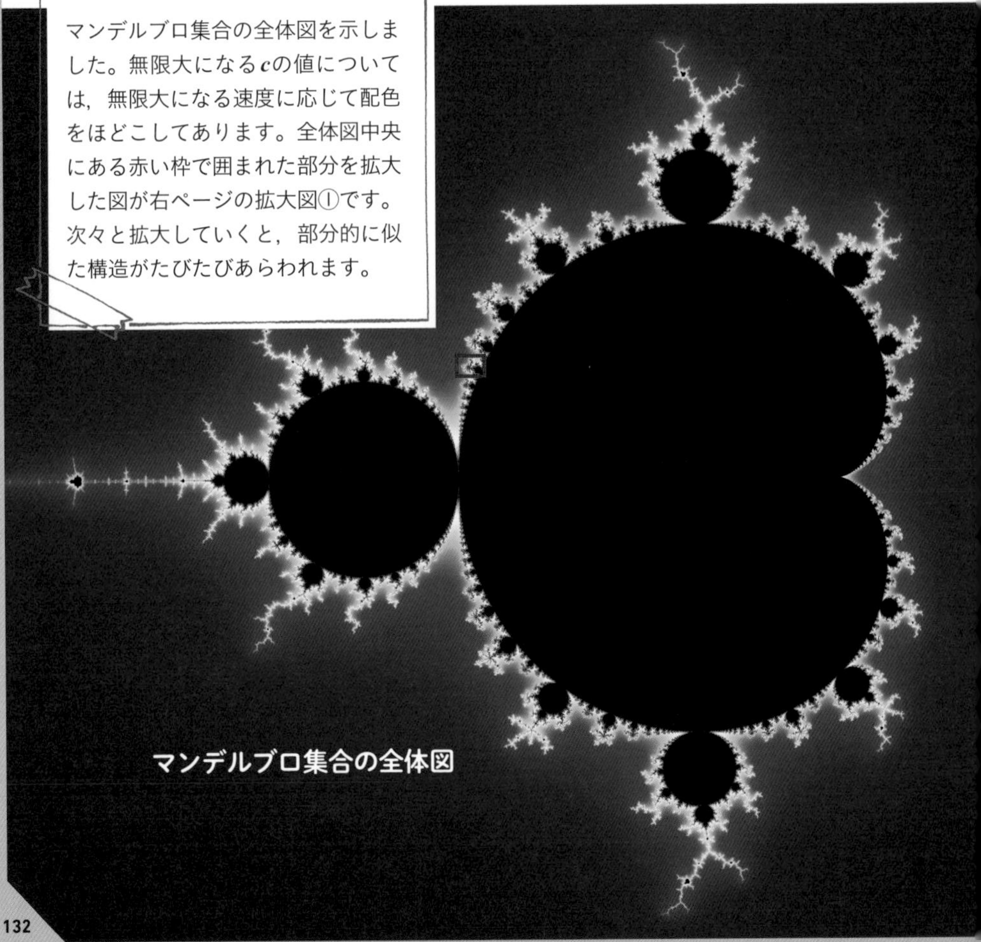

マンデルブロ集合の全体図

いくつにも枝分かれした樹木などは一部を拡大するとそれが全体と同じ形になっています。**しかもそれが何度もくりかえされています。このような形の性質のことを「フラクタル」といいます。**

フラクタルという概念を世界ではじめて提唱したのが，フランス系アメリカ人数学者ブノワ・マンデルブロ（1924～2010）です。左下の図は，「マンデルブロ集合」とよばれるフラクタル図形の一種です。マンデルブロ集合では，「$f(z)=z^2+c$」（zとcは複素数）という関数を考えます。この関数にしたがって複素数を次々と生みだしていくと，その値が無限大になる場合と，有限の値になる場合があります。有限の値になるときのcの集合がマンデルブロ集合です。

マンデルブロ集合を複素平面上に図示すると「一部を拡大するともとの画像と似たパターンがあらわれる」ということが，永遠にくりかえされます。

拡大図 ①

全体図の赤い四角で囲った部分を拡大した図

拡大図 ②

拡大図 ①の緑に囲った部分を拡大した図

拡大図 ③

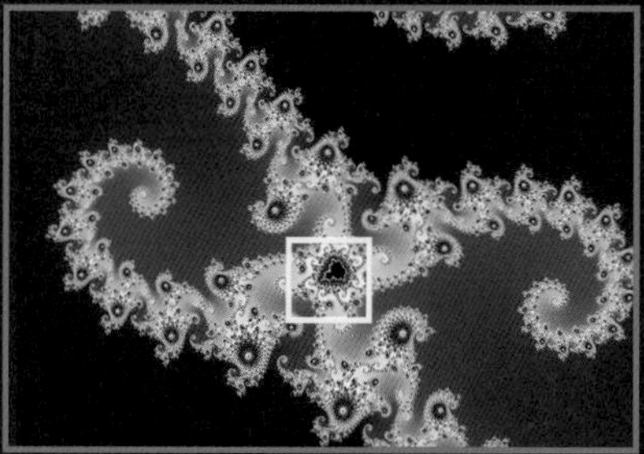

拡大図②の水色に囲った部分を拡大した図

拡大図 ④

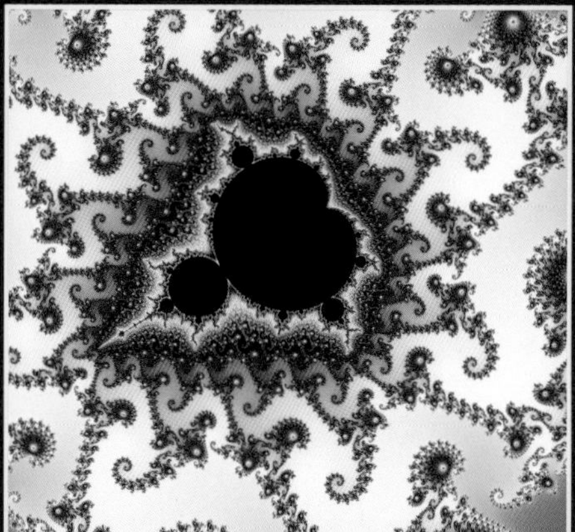

拡大図③の黄色に囲った部分を拡大した図

複素数で考える『素数』

整数の概念を複素数へと拡張すれば素数は素数でなくなってしまう?

ガウス素数のタイル

右に示した模様は，複素平面におけるガウス素数をタイルのような形で示したものです。ガウス素数とはガウス整数（複素数「$a+bi$」のうち，aとbが整数のもの）の積であらわせない数のうち1，−1，i，$-i$以外のものです。ガウス素数は無限に存在することが証明されています。

水色の点がガウス素数

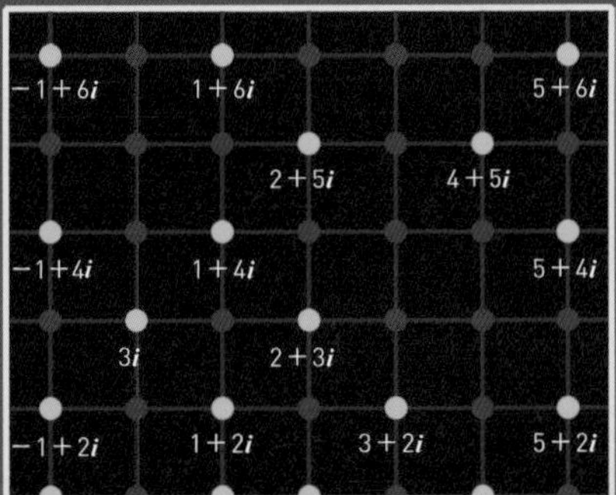

複素平面を発見した数学者ガウスは，整数や素数といった実数における数の概念を複素数の世界に拡張する研究も熱心に行いました。複素数 $a + bi$ において，a と b がともに整数のものを「ガウス整数」とよびます。なお，通常の整数は，$b = 0$ の場合ですので，ガウス整数の一種と考えることができます。

ガウスは，ガウス整数のうち，1，−1，i，$-i$ を除くガウス整数どうしの積（かけ算）としてあらわせないものを考えました。これを，「ガウス素数」とよびます。

下の図は複素平面におけるガウス素数の分布をあらわしています。実数における素数とは，1とその数自身以外に約数をもたない数のことです（ただし1以外）。**実数の世界においては素数だった数の中には，複素数の世界では素数ではなくなるものがあります。実数の世界でなりたっていたことが複素数の世界ではなりたたなくなることもあるのです。**

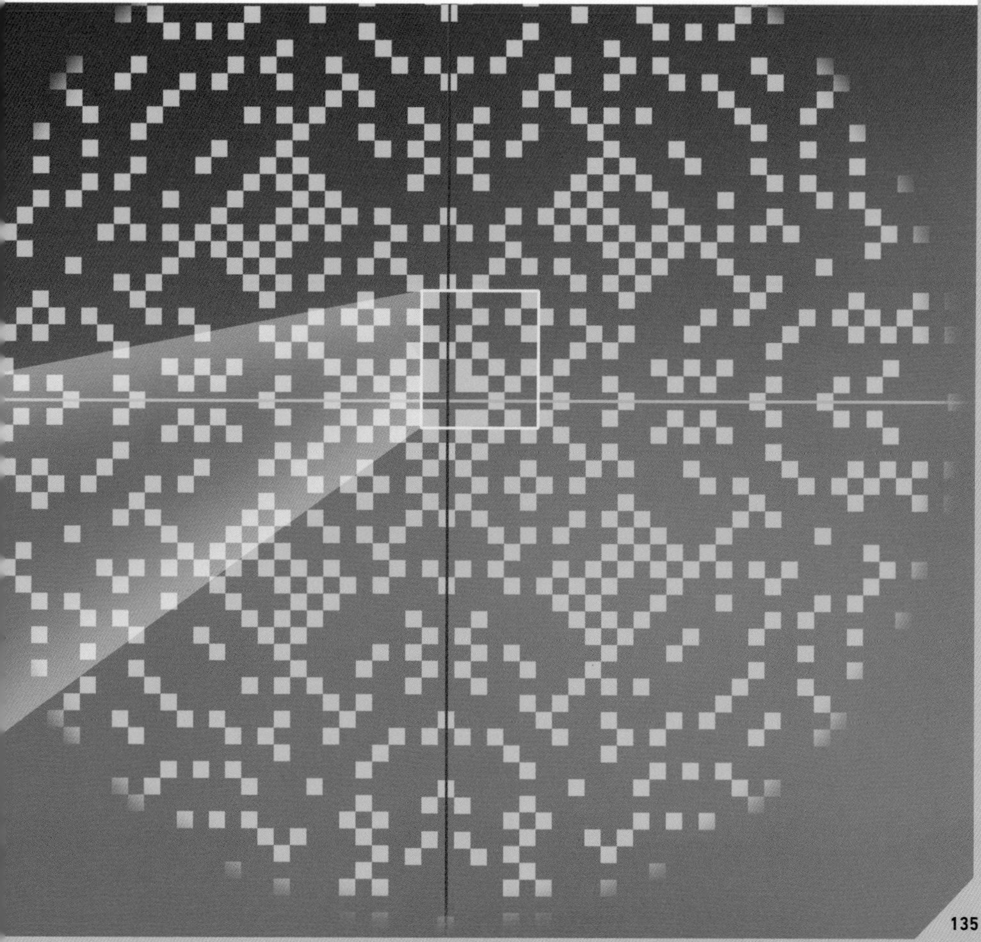

第2の虚数は存在するのか

「数直線」「複素平面」につづく「3次元世界」の虚数を求めて

ウィリアム・ハミルトン
（1805～1865）

アイルランド出身の数学者で物理学者。幼少期より神童として知られ，18歳でダブリン大学に入学し，卒業を待たずダブリン大学教授に就任しました。数学だけでなく，物理学においても力学や光学で重要な貢献を果たしました。

実数の世界は「数直線」，つまり「1次元の世界」に対応します。これに対して，実数に虚数を加えた複素数の世界は「複素平面」，つまり2次元の世界に対応します。ならば，「3次元の世界」，つまり空間の世界に対応するような新しい数の世界があってもいいはずだ。そう考えたのがウィリアム・ハミルトン（1805～1865）です。

ハミルトンは，複素数に「第2の虚数」を加えて，1個の実数と2個の虚数からなる新しい数の世界を確立しようとしました。しかし，10年以上研究を重ねても，うまくいきませんでした。ところがあるとき，3個の虚数で考えれば，四則演算の可能な新しい数の世界ができることにハミルトンは気づきました。

こうして生まれたのが，1個の実数と3個の虚数からなる新しい数，「四元数」です。ハミルトンにちなんで「ハミルトン数」とよばれることもあります。

1843年にダブリンにあるロイヤル運河の土手を妻と散歩中に，四元数をなりたたせる式を思いついたハミルトンは，ブルーム橋の石にその式をきざみつけたといいます。きざみつけた跡は現在は残っていませんが，ブルーム橋には四元数の発見を記念する石の銘板（上の写真）が設置されています。

CGにも使われる『四元数』

コンピューター社会になって見直されたその有用性

四元数ではまず，虚数iにあたる記号を三つ用意し，i，j，kとします。i，j，kはそれぞれことなる数ですが，いずれも2乗すると－1になります。また，i，j，kをかけたものも－1と定義されます。つまり，$i^2=-1$，$j^2=-1$，$k^2=-1$，$i\times j\times k=-1$です。**そして，$a+bi+cj+dk$（a，b，c，dは実数）という式であらわされる数が四元数です。**

ハミルトンが考案した四元数は，複素数にくらべて広く知られるようにはなりませんでした。それは，実数や複素数とはことなる特殊な性質をもっていたからです。まず，実数や複素数はかけ算の順番を入れかえても答えが変わりません。しかし，四元数はこの法則がなりたちません。また，方程式を解くうえでも，n次方程式の解は，複素数の範囲でn個存在しますが，四元数まで考えると無数に存在することがあります。つまり，わざわざ四元数をもちだす利点があまりなかったのです。

ハミルトンは数学だけでなく，物理学においても大きな功績を残し，のちの量子力学に大きな影響をあたえた人物でもあります。しかし，彼は四元数のアイデアをひらめいた1843年を境に人が変わったように四元数の研究に没頭するようになりました。

近年，四元数が身近な存在となってきています。コンピューターゲームの3Dグラフィックスやロケット・人工衛星の姿勢制御などに四元数が活用されるようになってきているからです。四元数を用いることで，回転運動を効率的に記述することができるのです。**ハミルトンが晩年をささげた四元数が，将来の社会で注目されるようになろうとは夢にも思わなかったことでしょう。**

四元数がもつ3個の虚数は
それぞれ i，j，k の記号であらわされます。

$$i^2 = -1$$

$$j^2 = -1$$

$$k^2 = -1$$

$$i \times j \times k = -1$$

$$i \times j = k \qquad j \times i = -k$$

$$j \times k = i \qquad k \times j = -i$$

$$k \times i = j \qquad i \times k = -j$$

※：四元数では交換法則（A×B＝B×A）がなりたちません。

おわりに

これで「虚数」はおわりです。いかがでしたか。

そもそも虚数は，16 世紀のイタリアで「答えのない問題」に答えを出すために生みだされた数でした。当時の数学者からは「想像上の数」といわれ，生みの親のカルダノでさえも「実用上の使い道はない」というくらい，虚数は奇妙な存在だったのです。

しかし，虚数を「数」として受け入れたことで，数学や物理学の世界は飛躍的に発展しました。最先端テクノロジの土台である「量子力学」は，虚数を前提にしています。また，宇宙のしくみやなりたちの解明にも，虚数は欠かせません。虚数や複素数がなければ，今のような文明がなりたたなかったのかもしれないのです。

この本を読むことで虚数の必要性を実感し，数学や物理学へのさらなる興味につながったら幸いです。

Staff

Editorial Management	中村真哉
Cover Design	岩本陽一
Design Format	宮川愛理
Editorial Staff	小松研吾，谷合 稔

Photograph

38	【アルス・マグナ】Public domain
38-39	scaliger/stock.adobe.com
46	【オイラー】Wellcome Collection
61	【ガウス日記】Public domain
93	NASA
95	west_photo/stock.adobe.com
96-97	NASA
105	ESO/M. Kornmesser
108	【シュレーディンガー】Public domain
113	【フラクタル】Wolfgang Beyer
125	BrAt82/stock.adobe.com
130-131	mimadeo/stock.adobe.com
132～133	Wolfgang Beyer
136	【ハミルトン】Public domain
136-137	mimadeo/stock.adobe.com
137	【銘板】JP / William Rowan Hamilton Plaque

Illustration

表紙カバー	Newton Press
表紙	Newton Press
2，7	Newton Press
8-9	Nadezda Kostina/stock.adobe.com
11	Newton Press，Newton Press（地図データ:Reto Stöckli，NASA Earth Observatory）
13	Newton Press
14-15	Newton Press（地図データ:Reto Stöckli，NASA Earth Observatory）
16～29	Newton Press
30-31	Newton Press,【ピタゴラス】小﨑哲太郎
35, 40～43	Newton Press
44-45	Newton Press,【デカルト，ウォリス】小﨑哲太郎
46-47	Newton Press
49	Newton Press,【カルダノ】小﨑哲太郎
50	【タルタリア】小﨑哲太郎
53～55	Newton Press
63～91	Newton Press
93	加藤愛一，Newton Press
98～101	髙島達明，Newton Press
104～111	Newton Press
113～123	Newton Press
126-127	Newton Press
129	Newton Press,【オイラー】小﨑哲太郎
134-135	Newton Press
143	Newton Press

本書は，主にニュートンライト3.0『虚数』，ニュートン別冊『虚数がよくわかる 改訂第3版』の一部記事を抜粋し，大幅に加筆・再編集したものです。

初出記事へのご協力者（敬称略）：
木村俊一（広島大学大学院先進理工系科学研究科教授）
和田純夫（成蹊大学非常勤講師）
礒田正美（筑波大学教育開発国際協力研究センター センター長）
小山信也（東洋大学理工学部教授）

14歳からのニュートン
超絵解本

数の概念を変えた〝想像上の数〟

虚数

2023年1月20日発行

発行人　高森康雄
編集人　中村真哉
発行所　株式会社 ニュートンプレス
〒112-0012東京都文京区大塚3-11-6
https://www.newtonpress.co.jp

ISBN978-4-315-52644-8